# A BOWL OF SOUP
## EVERY DAY

春生 · 夏长 · 秋收 · 冬藏

养生堂 食谱

舌尖上的春夏秋冬

# 每天一碗滋补好汤

王其胜 著

浙江出版联合集团
浙江科学技术出版社

**图书在版编目（CIP）数据**

舌尖上的春夏秋冬：每天一碗滋补好汤/王其胜著. —杭州：浙江科学技术出版社，2015.7

ISBN 978-7-5341-6602-0

Ⅰ.①舌…　Ⅱ.①王…　Ⅲ.①保健－汤菜－菜谱　Ⅳ.①TS972.122

中国版本图书馆CIP数据核字（2015）第078565号

# 舌尖上的春夏秋冬：每天一碗滋补好汤

>>> 王其胜 著

| | | |
|---|---|---|
| **责任编辑：** 王　群 | **特约编辑：** 冷寒风 |
| **责任校对：** 王巧玲 | **特约美编：** 吴金周 |
| **责任美编：** 金　晖 | **封面设计：** 韩慕华 |
| **责任印务：** 徐忠雷 | **版式设计：** 刘潇然 |

**出版发行：** 浙江科学技术出版社

**地　　址：** 杭州市体育场路347号

**邮政编码：** 310006

**联系电话：** 0571-85058048

**制　　作：** 日知图书（www.RZbook.com）

**印　　刷：** 北京艺堂印刷有限公司

**经　　销：** 全国各地新华书店

**开　　本：** 710×1000　1/16

**字　　数：** 300千字

**印　　张：** 12

**版　　次：** 2015年7月第1版

**印　　次：** 2015年7月第1次印刷

**书　　号：** ISBN 978-7-5341-6602-0

**定　　价：** 32.80元

◎如发现印装质量问题，影响阅读，请与出版社联系调换。

# 前言

　　煲汤是最能体现中国人饮食养生智慧的烹调方式，一碗滋补养生汤，从食材选择、煲汤器具到火候控制、口味调制，都需要技巧和心思才能使汤品更有滋味和营养。汤品可荤可素，食材刚柔相济，是最有家的感觉的美食。

　　中国人的喝汤习惯与西方人最大的不同就是不会仅限于正餐食用，而是会根据体质不同加以调整。想控制体重的人士可以饭前喝汤，有利于增强饱腹感，避免饭后喝汤增加热量；经常胃胀、反酸、消化功能不好的人一定要饭后半小时再喝汤，因为饭前喝汤会冲淡胃液，更不利于消化。还有肉汤、浓汤之类只能偶尔喝，可以滋补养生，否则脂肪超标会影响健康。

　　中国自古就有喝汤的习俗，汤饮养生是古人留给我们的养生智慧。春秋时期的"豺肉汤"可强身健体，唐代的"兔肝汤"可养肝明目，元代的"羊脏羹"可滋阴补肾……除此之外，还有"身体阳气旺盛者需寒性食物入汤，阴虚阳气不足者则需温热食物入汤"之原则，完全符合身体刚柔相济、阴阳协调的要求。

　　春夏秋冬，应根据季节的特性和身体的差异，选择不同性、味、归经的原料，科学喝汤，希望这些汤彻底改变您的生活，让您全家更健康！

王其胜

# 目录 C O N T E N T S

## 第一章 这些汤，彻底改变了我

## 第二章 春夏秋冬一碗汤，不用医生开药方

### 春季靓汤——阳气旺盛、防风养肝

### 夏季靓汤——热者凉之、燥者清之

# 第三章　因"食"进补，一碗好汤暖胃养身

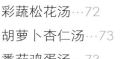

**蔬果靓汤——加强身体代谢力，跟肥胖"断舍离"**

C O N T E N T S

## 畜肉靓汤——筑免疫护网，吃出好身体

## 禽蛋靓汤——内补五脏、外养肤发，健康显年轻

## 水产靓汤——补钙壮筋骨，强身不长胖

**菇菌靓汤——营养100分，给胃肠更多关怀**

# 第四章 老人健康、大人强壮、孩子不病，煲碗好汤补全家

**儿童成长好汤——宝宝不生病、长得高、更聪明**

**中青年补身好汤——调节睡眠、缓解压力、宁神润颜**

## 第五章 取药补之功效，健康从每碗汤开始

# 大厨亲传 煮汤绝招

## Message 01

### 煲汤必读6大要点

**懂药性**

以鸡汤为例。若煲鸡汤是为了健胃消食，就加肉蔻、砂仁、香叶、当归；为了补肾壮阳，就加山萸肉、丹皮、泽泻、山药、熟地黄、茯苓；为了给女性滋阴，就加红枣、黄芪、当归、枸杞子等。

**懂肉性**

煲汤一般以肉为主。如乌鸡、黄鸡、鱼、猪排骨、猪爪、羊肉、牛骨髓、牛尾、狗脖、羊脊等，肉性各不相同，有的发、有的酸、有的热、有的温，入锅前处理方式不同，入锅后火候各异，需要炖煮时间也不一样。

**懂辅料**

常备煲汤辅料有霸王花、梅干菜、虾米、花生、枸杞子、西洋参、草参、银耳、黑木耳、红枣、大料、桂皮、小茴香、肉蔻、草果、陈皮、鱿鱼干、紫苏叶等，其搭配有讲究，入锅有早晚。

**懂配菜**

煲汤之人，很少仅靠喝汤就餐，还要食用其他菜，但有的会相克，影响汤性发挥。比如喝羊肉汤，不宜再吃韭菜；喝猪蹄汤，不宜吃松花蛋与蟹等。

**懂装锅**

一般情况下，煲汤时水与汤料比例为1：4～1：3，猛火烧开去浮沫，微火炖至汤余50%左右时加盐、小苏打（仅酸性汤料需加）等。

**懂入碗**

根据不同汤性，有的先汤后料，有的汤与料同食，有的先料后汤，有的喝汤弃料，符合要求就能最大限度地发挥作用，反之就影响营养吸收效果。

# Message 02
## 煲汤的基本工具

### 煎锅
用于原料在做汤前进行煎制和定型的准备工作。

### 标准量杯
用于掌握汤品的加水量。

### 榨汁机
用于果蔬榨汁搅泥。

### 压蒜器
可以用来压制蒜泥。

### 陶沙锅
陶沙锅是由陶泥和细沙混合烧制而成，表面有一层釉彩。其比金属汤具更能保持食物的原汁原味，但散热慢，预热后不易散开，所以煲汤时切忌加热后冷水入锅，以防冷热骤变而使煲锅破裂。

### 不锈钢汤锅
不锈钢汤锅加热迅速、蒸气量大、热能高，不易腐蚀。适用于需要较长时间煲煮的鸡汤、猪骨汤等。

### 焖烧锅
适宜煮烧一些不易熟软的食物。如猪肉、牛肉、鸡肉，或豆类、糙米等坚硬谷类，以及花生等坚果类。

### 不粘锅
不粘锅锅体受热均匀、导热快、散热快。适宜做一些讲究汤头美味，需要先爆锅的快汤、滚汤类、炖煮类汤品。

### 紫砂汤煲
紫砂煲耐酸碱、透气、不渗水，高温下不易与食物发生任何反应。能够保持汤的原汁原味，而且不会造成营养流失。紫砂可以分解食物中的脂肪，降低胆固醇。市面上的紫砂，又以广东紫砂为最受欢迎。

### 瓦锅
瓦锅煲汤味道极佳，其耐酸碱腐蚀，是煲汤比较理想的锅具。

# Message 03
## 煲汤注意事项

### 选料

中药选材时，最好选择经民间认定的无过多副作用的人参、当归、枸杞子、黄芪、山药、百合、莲子等。另外，可根据个人身体状况选择合适的汤料。如身体火气旺盛，可选择绿豆、海带、冬瓜、莲子等清火、滋润类的材料；身体寒气过盛，那么就应选择参类作为汤料。

### 水温

冷水下肉，肉外层的蛋白质才不会马上凝固，才可以充分地溶解到汤里，汤的味道才会更鲜美。

### 下料

肉类要先氽一下，这样可去肉中残留的血水，使煲出的汤色正。条件允许，鸡最好整只煲，这样煲好的鸡肉肉质才细腻而不粗糙。

### 火候

火不要过大，火候以汤沸腾程度为准。开锅后，小火慢煲，一般情况下鱼汤为1小时左右，鸡汤、猪排骨汤3小时左右。如果是煲参汤，最佳时间是40分钟左右，因为参类中含有一种人参皂苷，如果煮得时间过久，就会分解，使其失去了营养价值。

### 煲汤后的肉料处理

无论煲汤的时间有多长，肉类的营养也不能完全溶解在汤里，所以喝汤后还是要把肉也吃掉。

### 如何让汤变鲜

煮汤时如果材料是以肉类为主，需要用冷水下锅。而且最好一次加足冷水，且慢慢地加温，这样蛋白质才会充分溶解到汤里，汤的味道才鲜美。另外，煮汤也不能过早放盐，盐会使肉里所含的水分很快跑出来并加快蛋白质的凝固；酱油也不宜早放；葱、姜和料酒等味料不要放得太多，这些都会影响汤汁本身的鲜味。

### 汤煲咸了如何补救

汤煲咸了，可以将一个土豆切成若干片，先将一片放入烧开的汤里，半分钟后尝尝是否仍咸，如果还是味咸，再放第二片、第三片，直到其味合适为止，因为生土豆最能吸收盐分。

还可以用纱布包米饭，放入汤中煮一会儿，米饭可以吸走多余的盐分，汤自然就变淡了。

也可以放一块冰糖进去，等冰糖略溶化就取出，冰糖也能吸去多余的盐分。若一次不成，也可进行第二次、第三次。

### 如何让汤变清爽

有些油脂过多的材料煮出来的

汤特别油腻，遇到这种情况，可将少量紫菜置于火上烤一下，然后撒入汤内，即可解除油腻；也可待冷却后，当油浮在汤面上或凝固在汤面时用勺除去，再把汤煲沸。

# Message 04
## 汤的食疗作用

人们常喝的汤有荤、素两大类，荤汤有鸡汤、肉汤、骨头汤、鱼汤、蛋花汤等；素汤有海带汤、豆腐汤、紫菜汤、番茄汤、冬瓜汤和米汤等。无论是荤汤还是素汤，都应根据各人的喜好与口味来选料烹制，如果能对症喝汤，就可达到抗衰治病、清热解毒的"汤疗"效果。

### 鸡汤 VS 感冒

鸡汤对治疗感冒有一定作用，特别是用母鸡熬成的汤，汤中的特殊营养成分可加快咽喉部和支气管黏膜的血液循环，增强黏液分泌，抵抗呼吸道病毒，对感冒、支气管炎等疾病有独特的食疗效果。

### 鱼汤 VS 哮喘

鱼汤中有一种特殊的脂肪酸，具有抗炎症的作用，可以阻止呼吸道发炎，并防止哮喘病发作，对儿童哮喘病的食疗效果尤为明显。

### 猪骨头汤 VS 衰老

猪骨头汤中的特殊养分及胶原蛋白可疏通血液微循环。年纪大了以后，人的微循环系统逐渐开始老化，多喝猪骨头汤往往可缓解微循环系统的老化，起到药物难以达到的作用。

### 海带汤 VS 严寒

海带中含有大量的碘，而碘有助于甲状腺素的合成，具有产热效应，可以促进人体的新陈代谢，并使皮肤的血流加快，所以会让人在寒冷的冬天也感到温暖。

### 蔬菜汤 VS 污染

各种新鲜蔬菜中含有大量碱性成分，并可溶于汤中，喝蔬菜做成的汤，可以使血液呈正常的弱碱状态，防止血液酸化，使沉积于细胞中的污染物或毒性物质重新溶解，并随液体排出体外。

### 五豆汤 VS 风热

赤豆清热解毒、利水；绿豆消暑利湿、止渴；扁豆化湿止泻；黑豆滋阴补肾、润肌肤。如果这几种食材再加一味能调百味的甘草，做成五豆汤。那么此汤气味香润、清甜，则具有清热解暑、养阴生津的功效。黑豆被古书称曰"入肾功多，故能治水"，因而它们能助赤豆、扁豆、绿豆的消暑利水作用，又能减缓其寒凉之性。此汤消暑而不寒凉、利水而不伤肾，故男女老少均适宜。

### 百合汤 VS 失眠

清热养心安神，可食百合莲子鹌鹑蛋汤；益气养阴安神，可食花旗参百合水鱼（水鸭）；解郁安神，可食合欢花枣仁瘦肉汤；滋肾养血安神，则适宜食用怀元炖水鱼。

此外，天麻煨猪脑可治疗因工作学习紧张而导致的精神不振；头晕、腰痛可食桑寄生黑豆炖鱼头、山药炖羊肉、核桃炖羊腰；脾虚湿困而出现肢体疲倦、肥胖者可食用益气健脾去湿的扁豆薏米炖鸡脚、赤豆海带炖鹌鹑等。

## Message 05
## 汤底做法一点通

### 猪骨高汤

猪骨1000克，放入冷水锅中煮沸，除血水捞出洗净。另起锅放入30杯清水煮沸，再放入猪骨，然后转小火慢煮120~150分钟后，转中小火保持汤水微微沸腾的状态再煮20分钟，这样汤汁会更显白。汤晾凉后，捞出骨头备用。

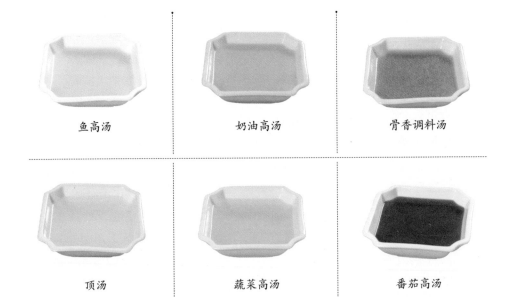

| 鱼高汤 | 奶油高汤 | 骨香调料汤 |
| 顶汤 | 蔬菜高汤 | 番茄高汤 |

**效用**：猪骨高汤可以用于各种汤品，作为基础底味进行调味。

## 鸡高汤

鸡汤的三大要点是：一不肥腻，再者要清（要求乳白的除外），三要香味扑鼻。

对于第一点，关键是如何去油脂：

1.鸡皮、鸡翅尖、鸡尾、肥膏这些多油脂的部位都应舍弃。

2.鸡块要先用开水汆烫，这样，不仅可以去油脂，还可以去血水；或者下锅微炒。

要清香，还可以加一些辅料：

1.熬汤的时候，用纱布包一小撮茶叶（最好是绿茶，或洋参片等也可以），这样熬出来的汤汁很清香。

2.要避味，可以加入少许姜片，但不要加过多，不然姜片会抢味的。

**小提示**：用新鲜的鸡煲汤，应在水烧沸后下锅；用腌过的鸡煲汤，可温水下锅；用冷冻的鸡煲汤，则应冷水下锅，这样才能使肉、汤鲜美可口。

**效用**：不仅可以用于荤汤，亦可以用在素汤中提鲜汤头。

## 牛高汤

1.先用沸水汆烫牛杂及牛骨，再用冷水冲洗干净。

2.将所有材料一起用大火煮开，

再转小火煮约12小时，并在煮汤的过程中，捞去汤里的浮沫（油质及杂质）。熄火后，再用细网及纱布过滤，即可得到牛高汤成品。

**效用**：适用于任何汤品，可使汤品别具鲜味。

## 鱼高汤

主要用料是鱼骨，其中又以海鱼为佳。皇帝鱼、鲷鱼类的鱼骨都是理想选择。熬煮时，只要将鱼骨洗净，汆烫后在炒锅里以白酒炒香洋葱、胡萝卜、西芹和鱼骨，再加清水熬煮40～50分钟，水中可以加几片月桂叶去腥调味。

**小窍门**：在做水产类的汤时，往往需要在炖制前先煎一下鱼，要做到煎鱼不粘锅有以下几个方法：

1.将锅洗净、擦干后烧热，然后放食用油，再把锅稍加转动，使锅内四周都沾油。待油烧热时，将鱼放入，鱼皮煎至金黄色时再翻动，这样鱼就不会粘锅。如果油还未热透就放鱼，很容易使鱼皮粘在锅上。

2.将锅洗净擦干烧热后，用鲜姜在锅底涂上一层姜汁，然后放食用油，待油热后，再将鱼放进去煎，这样也不会粘锅。

煎好鱼，要炖汤时，应一次性加足水，用小火慢慢炖。如果放少量啤酒，味道则更好，炖至鱼汤呈乳白色最佳。切忌中途加水，那样会冲淡鱼汤的浓香味。而且鱼应沸水下锅，快出锅时放入适量牛奶，汤熟后不仅鱼肉嫩白，而且鱼汤更加鲜香。

**效用**：鱼高汤大多用来烹制海鲜汤，而且鱼高汤在日本料理中应用较广泛。

## 奶油高汤

做奶油高汤最好选用老母鸡，将母鸡洗净、切块，加醋略腌渍，滚水汆烫，捞出放入汤锅中，加热水熬制2～3小时。另起锅将奶油溶化，加少许面粉后，将奶油混合物倒入鸡汤中，至汤汁乳白略稠时即可。

**效用**：一般用于果蔬和肉类汤品调理。

## 骨香调料汤

猪肉骨将肥油剔除，沸水中煮2小时，加入丁香、肉桂、白里香（或五香粉、十三香等）放入汤锅中煮至入味即可。

**小提示**：先将"浸"骨头的血水入锅煮沸，撇去浮沫，再放入骨头炖制，可使汤鲜味浓。

**效用**：具有香料的淡香和肉骨的浓香。

## 顶汤

1.取净嫩鸡一只，将其分档成骨架、腿肉、脯肉三部分。将鸡骨架剁成蓉，加鸡蛋、盐、清水、葱姜汁、料酒调成"鸡骨浆"；再将鸡腿去皮剁成蓉，加盐、料酒、葱姜汁、清水调匀"鸡腿浆"；最后，将鸡脯肉去皮，剁成蓉后加入盐、料酒、葱姜汁、清水调匀"鸡脯浆"。

2.将一般清汤以中火慢慢加热至微沸，倒入"鸡骨浆"，同时用手勺顺一个方向轻轻推动，使汤面旋转，待扫料（扫料是用新鲜带血的禽畜肉或剁碎的小骨加水、葱、姜、酒、盐等料调成糊状）上浮时，将锅半离火，使汤面保持前部微沸状，迅速用漏勺捞起扫料，用纱布包紧扎起，压成饼状，复投入汤中，用微火加热约10分钟捞出；然后再将"鸡腿浆"倒入，以中火加热，同时用手勺顺一个方向把鸡蓉轻轻搅散，刚搅动时汤会发浑，等慢慢澄清后停止搅动，汤即将沸时立即改用小火保持汤沸而不腾，使汤中渣状物吸附于鸡蓉而浮于汤面，用漏勺将其捞出，经过滤使汤清澈；然后，白扫也用上述方法提制，使汤汁更加鲜美、透明。如欲使汤汁更鲜醇，可多次用"鸡脯浆"提制。

**效用**：可以用于相对高级的食材汤底。如燕窝、花枝、鲍鱼、海参等。

### 蔬菜高汤

　　黄豆芽600克、玉米3根、大白菜1200克、水15碗（熬4小时所得汤汁约7碗）。全部材料洗净，放入汤锅内，用小火熬煮即可。

　　**小提示**：蔬菜高汤应选择新鲜蔬菜，待水烧开后下锅，这样可以保持蔬菜的鲜味，并色泽好，营养损失少。

### 番茄高汤

　　番茄去皮、去子切成丁，微炒后加清水和少量洋葱丁，小火煮1小时，放入香菜继续煮片刻后，熄火去渣即可。

　　**效用**：此汤底颜色鲜，口感酸甜，可用于各种汤品增色、调味。

### 蘑菇高汤

　　将自己喜欢的菌类干品两种或两种以上用温水浸软，去蒂洗净，将其用纱布包好，放入汤锅内，大火烧沸，转至小火煮2～3小时熄火即可。

　　**效用**：可在所有汤品中应用，作为汤底，菌味鲜美浓郁。

### 什锦果蔬汤底

　　将自己喜欢的蔬菜、水果放入榨汁机，加适量清水搅打成汁，再放入汤锅煮沸即可。

　　**效用**：由于色泽、口味随己而变，可以用于海鲜、果蔬的焯烫调理汤。

# 怎样煲出
# 营养又好喝的汤

# Case

## 肉类汤煲要先汆水，再煲汤

煲肉汤时，要先洗净肉，接着用开水汆烫，然后用水冲去浮沫。因为做肉汤的材料，如鸡肉、鸭肉、猪肉等都不同程度地含有一股腥味，主要是血污所致。烫煮后捞出洗净，可除去大部分异味。然后，再用净锅加清水放入原料熬制。这样熬出来的汤汁澄清洁白，浮沫少，无异味。

## 煲汤时原料要与冷水一起下锅

煲汤时经过烫洗后的肉类要与冷水一起下锅，以控制蛋白质变性和凝固的过程。通过缓慢地加热，细胞内脂肪、氨基酸、芳香物质等会在蛋白质凝固和原料收缩的缓慢过程中充分析出。这样做出来的汤，才味道鲜美浓郁。

如果原料在水沸后再下锅，会使原料外层骤然受到高温，表面蛋白质迅速变性凝固，原料表面细胞孔隙闭合，从而阻碍原料内部芳香物质析出，减弱汤汁鲜醇程度，降低汤的质量。

## 煲汤时中途不宜加水

煲汤时水要一次性加足，不能中途添加冷水，否则会使汤的鲜味减弱。当原料与水共煮时，受热较均匀，在水分子对流作用下，热量不断地向原料内部渗透，水分子也有规律地向原料内部渗透，可溶性芳香物质就从原料内部扩散到表面，由表面再扩散到汤汁中。若中途添加冷水，汤汁的温度骤然下降，破坏了原来的均衡状态。由于温度下降，可溶性芳香物质从原料内部扩散到表面的速度减慢；原料表面因降温突然收缩，造成表层紧密，影响了芳香物质析出，使汤的鲜味减弱。

若汤料用的是带骨的原料，如猪排骨、大棒骨等，在冷水中逐步加热时，骨组织疏松，骨中蛋白质、油脂及芳香物质逐渐溶于汤中。如突然遇冷，骨表面孔隙收缩，造成骨组织紧密，骨髓中的蛋白质、脂肪不易析出，减少了汤中鲜味物质，味感就会下降。

## 煲汤要及时撇沫

原料经过氽水后，放入冷水锅中，大火烧开，及时转用小火，使原料保持在95℃的水温中，原料中血污、异味物质逐渐从原料内部析出。血中的血红蛋白遇热变性凝固，体积增大、孔隙多，因而吸附各种异味物质和油脂。由于比重轻，在热力推动下，上浮至汤面上，形成浮沫，必须及时清除。在汤沸腾前，即95℃左右时清除为最佳。否则水沸腾一段时间后，因水的冲撞作用会将浮沫冲散，混杂在汤汁中，浮沫就不易除净，导致汤汁不纯；过迟清除浮沫，还会带走部分从原料中溢出的脂肪和可溶性物质，影响汤的清亮度、鲜味和营养价值。

## 煲汤时不宜过早撇除浮油

原料经过一段时间加热后，其中的油脂不断析出。由于油脂不溶于水，比重轻，因而漂浮在汤的表面，称为浮油。

如果过早把浮油撇去，汤中的营养成分、香味、鲜味物质就容易随着水蒸气挥发而损失，使汤水分减少，不够浓郁。

浮油在汤表面形成一层薄膜，

可防止营养成分、香味和鲜味物质随着水分的蒸发而挥发掉，并且浮油本身是许多芳香物质的溶剂。所以，煲汤时不宜过早撇除浮油。尤其是制奶汤，可利用油脂乳化而使汤乳白且富有胶性。

但是，过夜的鲜汤要将浮油撇净。因为油脂含热量高，散热较慢，鲜汤本身又有一定的温度，如果汤面上留有一层浮油，汤汁的热量一时散发不掉，鲜汤就会变质变味，严重时无法食用。特别在夏季，更应注意防止鲜汤变味。

## 煲汤可先添加少量盐

汤中添加盐，除了调味外，还对蛋白质溶解度有影响。在把原料下冷水锅的同时添加少量盐，可使原料中盐溶蛋白质充分溶于水中，增加汤汁浓度和营养价值。但是必须掌握添加盐的量。

煲汤时，如果添加过量盐，由于盐具有较大的渗透压，原料中水分会渗透出来；同时盐也会向原料内部扩散，导致原料内部蛋白质凝聚，芳香物质就难以析出，会影响汤汁的浓度和滋味。

此外，由于大量盐的作用，还会使已溶于水中的部分蛋白质发生盐析作用而凝聚，使汤变得混浊。

如果放少量盐，会起到盐溶作用，低浓度盐溶液可使蛋白质表面吸附着某种离子，使蛋白质颗粒表面同性电荷增加，加强了排斥作用，使蛋白质空间结构有所松弛，加强与水的结合，从而提高蛋白质的溶解度。

## 煲汤时调料不宜放得过多

煲汤时，加入适量的葱、姜、料酒等，其目的是除去腥、膻、臊等异味；解腻爽口，增加汤汁的鲜美滋味。但如果调料放得过多，则会影响汤本身的鲜味，使汤色既不明亮，也不美观。

## 为什么会形成奶白汤

汤汁形成奶白色的原因，首先是由于制汤原料蛋白质变性、分解和水化作用而引起的。

制汤的原料中含有肌球蛋白、肌动蛋白、胶原蛋白等多种蛋白质。各种蛋白质由于热力作用，水解成各种多肽类，分散到水中，形成乳浊状胶体溶液，使汤变成乳浊状。同时，胶原蛋白质水解形成明胶，明胶能吸水而成凝胶状，使汤变稠，甚至冷却后形成冻。

另外，也是由于脂肪乳化的结果。从制汤原料中析出的脂肪不溶于水，但由于水的热力作用（由水产生激烈冲撞），使脂肪变成微小白粒状，和水混合均匀分布，从而形成乳白色的乳浊液。但这种乳白色的乳浊液不稳定（因颗粒大，表面张力较大），经过静置或冷却后，脂肪小颗粒相互碰撞，结果形成较大油滴。然后，又与水分开而浮于水面。

在奶白汤形成过程中，由于原料析出物中含有磷脂、可溶性蛋白质，油脂被水解形成甘油一酯、甘油二酯等，能降低油脂表面张力，使油脂很稳定地悬浮于水中，形成稳定乳浊液，使汤汁呈乳白色混浊状态。如沙锅鱼头、鲫鱼奶白汤，都因鱼头中含有磷脂，起到乳化作用，使其形成稳定的奶白汤。

## 制作奶白汤需要什么原料

制作奶白汤的原料，必须选用鲜味足、无腥膻气味的原料。一般多选用猪蹄膀、猪蹄、猪骨以及鸡或鸡翅、鸡爪、鸡骨架等。因为这些原料中含有丰富的蛋白质和芳香物质及油脂、磷脂等。磷脂是很好的乳化剂，促使油脂乳化，使汤形成稳定的乳白色。而猪蹄膀、猪蹄等带皮、带筋的原料，都属于富含胶原蛋白的原料。胶原蛋白经过加热后发生水解生成明胶，使汤液乳化和增稠，促进奶白汤的形成。

## 熬制奶白汤需要什么火候

熬制奶白汤，一般用大火烧沸后，再继续用中火加热，使汤保持沸腾状态，使水振动频率增加。由于热力作用，有助于脂肪乳化，均匀地分散于汤中；同时增加汤中蛋白质颗粒的撞击，使蛋白质结成团状白色小颗粒，从而使汤变白。制作奶白汤一般需要2～3小时。

猪肉骨头以小火煨汤，营养成分损失最少，中间不停火、不添水，让骨头里的蛋白质、脂肪、胶质等可溶有机物慢慢向外渗出，至汤稠骨头酥软为止，它能促进儿童发育，有利于促进孕产妇泌乳的作用，而对中老年人也有抗衰老的功效。

## 用猪骨头垫底熬汤营养丰富

猪骨含有大量的钙、磷、铁等矿物质和脂肪，可增加汤汁浓度，提高其营养价值和鲜香味。若将猪骨头与鲜猪肉的营养成分加以比较，就会发现猪骨头的蛋白质、铁、钙、磷等含量远远高于鲜猪肉。如其蛋白质高于鲜猪肉100%，高于鸡蛋120%，高于鲜牛肉61%。铁含量是奶粉的9倍多，是鲜猪肉的8.5倍，是鲜牛肉的2.5倍，骨头汤的营养成分比植物性食物更易被人体吸收和消化。

煲汤时，一般常用整只鸡、鸭等大块原料。这些原料体积大，且分量较重，放入锅内，极易沉底。为防止原料沉底，在放原料前可先放些猪骨垫底。因为猪骨粗硬，互相叠摞会产生空隙，有利于汤汁流动和热量传导，从而避免了因锅底部直接接触火焰而导致的温度较高、原料易烧焦变煳，

使汤汁变浊、产生异味等情况发生。

## 煮牛肉时放点食醋可加速熟烂

牛肉的咀嚼强度主要取决于牛肉中结缔组织的含量。牛肉中结缔组织含量比猪肉、羊肉多。结缔组织主要由胶原蛋白组成，使肌肉组织特别坚韧，因此炖煮牛肉，需较长时间加热才可煮烂。

但牛肉中胶原蛋白在酸性环境中加热可以加速分解成可溶性的柔软明胶。因此，在烧炖牛肉时，适量添加食醋，不仅可以加速煮烂，同时还具有除膻、提香的作用。

## 烹调鱼类菜肴添加醋可除腥、提香

一般鱼类中，即使是新鲜鱼类，也会产生腥味，尤其是淡水鱼类更为突出。新鲜鱼体内腥味成分主要是由六氢吡啶化合物引起的；新鲜度下降后，鱼体的腥味成分主要是三甲胺、氨等，这些腥味物质都具有一定挥发性，同时都是碱性物质。

鱼类经过食用油炸或煎，因温度较高，会使腥味物质挥发而消失一部分。在烹调时加点醋，醋中的醋酸与腥臭气味的碱性物质发生中和作用生成盐，使腥臭气味消失殆尽，这样更能突出鱼肉的香气。

同时，醋中除含醋酸外，还含有少量醇类，在烹调时加入醋，由于温度的影响，使醋中的醋酸与醇类发

生酯化反应，生成具有挥发性的酯类等香味物质，使鱼类菜肴溢出馥郁气味，增加鱼类的复合美味。因此，醋在烹制水产品类菜肴时，不仅除腥，还能提香。

## 制作素汤选用什么原料好

作为素汤的原料，必须新鲜、无异味，且蛋白质、脂肪、芳香物质含量丰富。而黄豆芽、鲜笋、香菇等都符合这些要求。

黄豆芽虽然蛋白质含量较少，但具有鲜味物质的天冬氨酸含量丰富。黄豆芽有豆腥味，在制汤前，可用食用油将其煸炒透，再加入沸水，大火煮沸，即可获得汁浓味美的素鲜汤。

鲜笋蛋白质含量不多，但具有鲜味成分的天冬氨酸含量丰富，同时还富含鲜味物质核苷酸，因而鲜笋煮汤，味鲜汤浓。

香菇中除含有多种氨基酸外，还含有不同的核苷酸类芳香物质，使香菇具有浓厚的鲜美滋味。

因此，平时选用黄豆芽、鲜笋、香菇等制作素汤最为适宜。

## 煲汤的宜选食材

煲汤适宜放足量的姜，特别是煲肉汤时，放姜可以去腥、提味。适宜放些清热、利湿、健脾之物，如藕、百合、西洋菜、马蹄、山药、萝卜等。适宜放些甘甜之物，如红枣、蜜枣、葡萄干或桂圆肉等。另外，也可以根据不同需要加入西洋参、黄芪、枸杞子、当归等。适宜加入茎类、菌类及干果类之物，如霸王花、黄花菜、香菇、黑木耳、银耳、花生、白果、莲子等。

加入这些食材，可以使汤中营养更丰富，味道更香醇。

## 烹饪中常用鲜汤的种类

由于使用的原料不同，煲汤的方法和要求也不同，鲜汤可分为清汤和白汤两大类。清汤，又分为一般清汤和高汤（又称上汤、顶汤）。它的特点是汤清见底，味鲜醇厚，制作技术复杂。

白汤，又分为一般白汤和浓白汤。一般白汤（又称毛汤），呈乳白色，浓度较差，鲜味不足；浓白汤（又称奶汤），其特点是色白、味鲜、浓度高、汤似乳液。

清汤和白汤特点不同，因而用途也不一样。奶汤主要用于白色菜肴汤汁制作；清汤适用范围广，主要用于饭店中高档菜肴的制作。

一般中餐做汤方法有滚、煮、炖。滚汤多用于蔬菜及鲜嫩肉类；煮汤是把配料和水一起烧开，使味道溶入汤内；炖汤是把配料放入炖盅，然后将炖盅放入盛水的锅中，加热后锅中开水会将配料炖熟，这种做法可保持配料和原料的精华不流失。

# 第一章

## 这些汤，彻底改变了我

　　《黄帝内经》中说："五谷为养，五果为助，五畜为益，五菜为充。"而汤正是容纳百味营养精华的最好形式。煲汤是最能体现中国人饮食养生智慧的烹调方式，一碗好汤，可以滋养全家。

# 好汤会喝才健康

汤羹因有着丰富的营养、精细严谨的选料、宜浓宜淡的滋味而被人们所喜爱。但只有真正把握汤品的养生之道，才能既喝出美味、又喝出健康。

## ● 喝汤还要吃肉

有的时候，我们只喝汤而不吃汤料，尤其是各种动物性原料制作的汤品。如鸡汤，经过了一定时间的煮制，原料会析出一些水溶性小分子物质，即维生素$B_1$、维生素$B_2$、维生素C等。而鸡肉中的油脂、嘌呤等物质同样也会融入汤里。鸡肉中很大一部分营养物质还会保留在原料中，从客观上来说，只喝汤、不吃肉会浪费仍然保留在肉中的营养素。

汤虽然营养丰富，也不可一次饮用过多，再好的汤也是一碗足矣，并且随即应把汤中主料吃掉。

## ● 饭前喝汤保健康

国家卫生部首席健康教育专家洪绍光教授的健康观点是："饭前喝汤，苗条健康；饭后喝汤，越喝越胖。"实际上，在我国自古以来就是先饮汤后用饭的，诸多的膳食古籍均把汤羹列在首位。《黄帝内经》曰："邪气留于上焦，上焦闭而不通，已食若服汤，卫气留久于阴而不行，故卒然

多卧焉。"意思是说：邪气停留在上焦，使上焦闭阻，气行不通畅，若在吃饱饭后，又饮汤水，使卫气在阴分停留时间较长，而不能外达于阳分，人就会嗜睡。

### ■ 先喝汤的理由之一

人体在饥饿的状态下，持续进食一定时间，不论进食多少，到了适当的时候，大脑会反应已经吃饱了。先饮汤品，在汤品进入胃肠后，大脑食欲中枢神经便会自然默认已经开始进食，就餐时就会减少食量，避免热量摄入过多而发胖。而动物性原料汤品中含有大量的脂肪，已经提供了人体必需的热量。

### ■ 先喝汤的理由之二

在炎热的夏季或其他食欲不佳的状态下，适当饮汤，能起到开胃的作用。在寒冷的冬日，饮汤则能起到暖身的作用。

### ■ 先喝汤的理由之三

饭前喝点汤，可以滋润口腔、咽喉、食道，有助于吃饭时食物顺利下咽，防止干硬食物刺激消化道黏膜。

在普通的中式筵席中，汤羹是后上的，紧接着就是餐后水果了。然而精品中式筵席与西餐上菜顺序是一样的，除了茶水、茶点外，首先上的就是汤羹。一般每人一盅，适可而止，这就是根据养生的需要安排的。

## ● 喝汤喝门道

由于制汤主要还是为了喝汤，汤品是不宜过咸的。同时，单从营养角度讲，喝汤还要吃肉。

喝汤对健康有益，并不是喝得多就好，要因人而异。同时，也要掌握进汤时间，一般中、晚餐前以半碗汤为宜，早餐前可适当多些，因一夜睡眠之后，人体水分损失较多。进汤时间以饭前20分钟左右为好，吃饭时也可以少量进汤。总之，喝汤以胃部舒适为度，饭前饭后切忌"狂饮"。

推荐一种好的吃法：根据自己的喜好，选择花椒盐、姜醋汁、生抽蒜汁等调味汁，喝完汤后将主料蘸食，则别有一番滋味。

# 认清体质喝对汤

食物有四性五味，不同性味的食物有不同的养生功效，适合于不同的体质，汤饮养生也是如此。只有根据个人的身体状况对症喝汤，才能起到养生保健的作用。

## ●热性体质：汤品宜清淡鲜香

### ■热性体质特征

表现为：经常口渴，喜喝冷饮，便秘，尿量少且黄，多有炎症、充血症，易紧张、兴奋。

### ■热性体质的营养需求

热性体质人群一般不会缺乏脂肪、碳水化合物，但维生素、矿物质及水会较其他人群摄入或吸收得少。饮食上，应增加维生素、矿物质的供给，多食用富含膳食纤维的食物，以改善肠道吸收消化功能。

### ■热性体质怎样以汤调养

热性体质者宜多食用偏寒凉的食品，少食温热的食物；宜多食用瓜果蔬菜，汤品以清淡鲜香为主，原料以鸭、海鱼及寒凉食物为佳，不宜选用辛辣类、牛羊等畜类，以及其他温热助火的原料。

## ●寒性体质：汤品宜温热原料

### ■寒性体质特征

表现为：可长时间不饮水，喜喝热水，尿量多、色淡，贫血，乏力，生理周期较长。寒性体质在女性中比较常见，常伴有体虚等。

### ■寒性体质的营养需求

寒性体质者食用过多寒凉食物，会造成末梢血液循环不良，出现畏冷症状，严重者会手足麻木。除加强体质锻炼，保证生活规律外，寒性体质者可适当增加蛋白质、维生素A、维生素$B_1$、维生素$B_2$、维生素C等营养素，以及铁、锌等矿物质的摄入。

### ■ 寒性体质怎样以汤调养

饮食煮汤以温热类原料为主，忌食寒凉、辛辣刺激的食物。可选用牛、羊等温热性畜类，配平性辅料为佳。调味适合清淡、咸鲜、酸甜等，喜辣者可微辣，忌火辣。沙锅暖汤最宜调养胃肠。

## ● 实性体质：宜平性、温性原料

### ■ 实性体质特征

表现：体力充沛，言语行动力充足，少汗，多便秘，病毒在体内虽可扑灭，但缺乏排出体外的能力。

### ■ 实性体质的营养需求

一般实性体质者往往饮食过于精细，虽然体内主要营养素并不缺乏，但是需要提高微量元素、膳食纤维的供给，加强机体的排毒能力。除了生活规律、加强锻炼外，适时适量地补充水分很重要。选用果蔬、鱼类等营养丰富的原料制汤，能增加各类营养素及膳食纤维的摄入。

### ■ 实性体质怎样以汤调养

实性体质者制汤原料宜选丰富，平性、温性。选用寒凉的制汤原料要适可而止，少食或不食过于火热的食物，如辣椒、羊肉等。制汤宜添加润肠、除湿的原料，如萝卜、白菜、冬瓜等植物性原料和水生动物性原料，不适宜添加温补类滋补品。调味以清淡、咸鲜、甜酸等为好，可稍食微辣。

## ● 虚性体质：宜补气血的温性食物

### ■ 虚性体质特征

表现：体力虚弱，面色苍白、自汗、常下痢，病毒在体内难扑灭，但有能力排出体外。

## ■ 虚性体质的营养需求

　　虚性体质是因为机体内蛋白质、维生素A、维生素$B_1$、维生素$B_6$、维生素C、维生素K及矿物质等营养物质吸收或摄入不足，尤其是必需氨基酸摄入量缺乏，所以虚性体质人群应适当增加此类营养物质的供给。

## ■ 虚性体质怎样以汤调养

　　谨慎地选用寒凉性食物，气虚、脾虚者少食或不食寒凉性食物。制汤原料应丰富，不可偏寒凉，注重荤素搭配，也可以适当选用补气血的温性食物入汤。若感到体力极度虚弱时，应避免阳气过剩、过于火热的食物，以免造成虚不受补。

第二章

# 春夏秋冬一碗汤，不用医生开药方

人体健康与四季气候变化是紧密相连的，春生、夏长、秋收、冬藏，这是四季交替的自然规律，也是人体的代谢规律，机体的新陈代谢若违反这一规律，四时之气便会伤及五脏。汤饮养生也要顺应气候的变化，才能健康进补。

# 春季靓汤——
## 阳气旺盛、防风养肝

### ●春季煮汤的选料原则

　　春季虽是万物复苏的季节，但是冬季的寒气尚未完全散去，故不宜多用寒凉食物制汤，而适宜升补。据《千金方·食治》记载："春七十二日，省酸增甘，养脾气；季月各十八日，省甘增咸，以养肾气。"所以春季宜选用性温的能补肝益气、补肺养胃、助肾养精的原料制汤。

　　春暖花开，部分人群易出现花粉过敏的状况。提高维生素C的供给，可以有效地提高抗过敏能力。

### ●春季喝汤宜温补

　　初春天气尚凉，不能过多地饮用补阳汤品。此时，人体不需要太多的温热食物原料来补充能量，若过多地饮用滋补、肥腻的汤品，加之运动量不足、新陈代谢减缓，就会引起体内脂肪堆积。春末暖意融融时，人们往往早早换上夏装，而在饮食上却不可贪凉。春季往往温差较大，饮用冷的汤品，会引起夜间胃肠不适。

# 白菜豆腐汤

 **材 料**

白菜200克、豆腐100克、紫菜25克。

**调 料**

味精、盐、高汤。

**做法**

**1.** 豆腐洗净，切厚片，入沸水锅焯一下捞出；白菜去老帮，洗净切段；紫菜用清水稍泡洗，撕成条。

**2.** 汤锅置火上，倒入高汤，大火煮沸后放入豆腐片、白菜段、紫菜条，煮约5分钟。

**3.** 加盐、味精调味即可。

# 竹荪排骨汤

🥣 **材 料**

猪排骨200克、竹荪（干）15克。

🥣 **调 料**

姜片、白酒、盐、味精、胡椒粉、香菜。

**做法**

1. 竹荪用热水泡发，切段；猪排骨洗净，剁段；香菜洗净，切段。

2. 将猪排骨放入沸水中余水捞出备用。

3. 锅置火上，倒入适量清水煮沸，放入排骨、竹荪、姜片、白酒大火煮沸，改小火炖约1小时。

4. 放盐、味精、胡椒粉，撒上香菜段即可。

# 杏仁山药汤

🥣 **材 料**

杏仁100克、山药250克。

🥣 **调 料**

白糖。

**做法**

1. 杏仁反复用水冲洗干净；山药洗净，去皮，切菱形片。

2. 锅置火上，倒入适量的清水煮沸，放入山药片、杏仁，小火煮至山药片、杏仁均熟。

3. 加白糖煮1分钟即可。

# 木耳肉丝蛋汤

🥣 材 料

猪瘦肉60克、菠菜30克、鸡蛋1个、黑木耳10克。

🥣 调 料

酱油、盐、味精、葱花、清汤、食用油。

做法

1. 猪瘦肉洗净，切丝；鸡蛋磕入碗中打散；菠菜洗净，焯水，捞出，切段备用；黑木耳用温水泡发，洗净，切丝。

2. 锅置火上，加食用油烧热，用葱花炝锅，加清汤煮沸，放肉丝、黑木耳丝煮3分钟，淋入鸡蛋液，下菠菜段煮沸，再加盐、味精、酱油调味即可。

# 芹菜叶粉丝汤

🥣 材 料

嫩芹菜叶50克、粉丝30克。

🥣 调 料

食用油、葱花、姜末、盐、味精、香油。

做法

1. 嫩芹菜叶洗净；粉丝洗净，用温水泡至软。

2. 锅中倒食用油烧至五成热时，放葱花炝锅，加入芹菜叶、姜末翻炒后，注入适量清水，加入粉丝同煮，加盐调味，锅开后撒味精、淋入香油即可。

温馨小提示：较嫩的芹菜叶受热会变黑，建议在清洗时放入一勺白醋浸泡10分钟。

# 荠菜豆腐汤

 材 料

荠菜100克、豆腐200克。

材 料 调 料

食用油、葱花、高汤、盐、鸡精、水淀粉、香油。

做 法

1. 荠菜去老根，洗净沥干切成小段；豆腐切小丁，焯水过凉。
2. 锅内倒食用油，烧至六成热，放入葱花，煸炒片刻，倒入高汤，大火烧沸，放入豆腐丁、荠菜段，大火烧沸，加入适量盐和鸡精调味，用水淀粉勾薄芡，淋上香油即可。

# 荠菜鸡蛋汤

 材 料

新鲜荠菜400克、鸡蛋2个。

材 料 调 料

盐、味精。

做 法

1. 荠菜择洗干净，放入沸水稍焯后捞出，沥水。
2. 适量清水倒入沙锅内，用大火煮沸，加入荠菜稍煮。
3. 在沙锅内打入鸡蛋，加盐、味精稍煮，盛入碗中即可。

# 芥菜魔芋汤

🥣 **材 料**

芥菜300克、魔芋100克。

🥣 **调 料**

姜丝、盐。

**做 法**

1. 芥菜去叶择洗干净，切成大片；魔芋洗净，切片。

2. 锅中加适量清水，加入芥菜片、魔芋片及姜丝用大火煮沸，转中火煮至芥菜熟软，加盐调味即可。

# 春笋香菇萝卜汤

🥣 **材 料**

鲜春笋、猪瘦肉各100克，鲜香菇50克，胡萝卜200克。

🥣 **调 料**

盐、味精、胡椒粉、葱花、香油、清汤。

**做 法**

1. 鲜春笋去皮，洗净，切片；鲜香菇洗净，切片；胡萝卜洗净，切菱形片。

2. 锅置火上，加清汤煮沸，下入氽烫过的猪瘦肉块煮至八成熟，放入胡萝卜片、香菇片、鲜春笋片，中火煮至熟。

3. 加盐、味精、胡椒粉调味，盛入碗中，撒葱花，淋香油即可。

# 菠菜莲子汤

 材 料

菠菜100克、莲子50克、豌豆20克、枸杞子10克。

 调 料

盐、鸡精。

做法

1. 菠菜洗净，焯水后切段；莲子用水泡透，蒸至软；豌豆、枸杞子分别洗净。

2. 锅中倒入适量水烧沸，放入豌豆、枸杞子、莲子煮5分钟，加入菠菜段、盐、鸡精煮沸即可。

# 菠菜蛋汤

 材 料

菠菜150克、鸡蛋100克。

 调 料

姜末、葱末、盐、食用油、香油、清汤、水淀粉。

做法

1. 将菠菜择洗净，切段；将鸡蛋磕入碗中，加入少量盐打匀。

2. 锅置火上，倒食用油烧至五成热，放入姜末、葱末爆香，倒入适量清汤煮沸；放入菠菜段，淋入蛋液，放入适量盐，水淀粉勾薄芡，滴入香油调味即可。

# 青丝百叶汤

COOK

### 材 料

牛百叶250克、莴笋150克、韭黄50克。

### 调 料

食用油、料酒、高汤、盐、白醋、香菜叶。

### 做 法

**1.** 牛百叶洗净，氽水后切成丝；莴笋洗净，切丝；韭黄洗净，切成3厘米长的段。

**2.** 炒锅加食用油烧热，放入牛百叶、莴笋和料酒炒出香味，再倒入韭黄翻炒，添加适量的高汤，煮沸后停火。

**3.** 开锅撇去浮沫，调入适量的盐和白醋，撒上香菜叶，出锅食用即可。

# 姜韭牛奶羹

COOK

### 材 料

韭菜250克、牛奶250毫升。

### 调 料

姜。

### 做 法

**1.** 姜去皮，洗净，切成末；韭菜择洗干净，切成末。

**2.** 将姜末、韭菜末放入同一容器中，捣成汁，将汁液倒入汤锅内。

**3.** 汤锅置火上，倒入牛奶，煮沸即可。

*温馨小提示*：本品含有较多的膳食纤维，能促进胃肠蠕动，可有效预防习惯性便秘和肠癌。

# 鸡毛菜土豆汤

### 材 料

鸡毛菜、土豆各50克，猪肉末20克，奶油5克。

### 调 料

食用油、盐、葱末、姜末、红葡萄酒、香菜末。

### 做 法

1. 鸡毛菜洗净后，切段；土豆去皮，洗净后，切成小块；猪肉末与葱末、姜末以及盐拌均匀。

2. 炒锅内加食用油烧热后，下入猪肉末炒散，加入少许红葡萄酒，下入土豆块，混炒5分钟盛出。

3. 汤锅内加入奶油，溶化后下入土豆肉末，倒入适量水，煮沸后，转小火慢煮10分钟，然后放入鸡毛菜段，加盐调味，出锅前撒香菜末即可。

# 鸡丝蛋皮韭菜汤

### 材 料

鸡脯肉100克、韭菜50克、鸡蛋2个。

### 调 料

高汤、盐、鸡精、香油、食用油。

### 做 法

1. 将鸡脯肉洗净煮熟，晾凉后撕成细丝；鸡蛋磕入碗中搅拌均匀，入食用油锅中摊成蛋皮，晾凉后切成丝；韭菜择洗净，切成寸段备用。

2. 锅内倒入高汤，大火烧沸，放入鸡丝、蛋皮丝，开锅后入韭菜，再加入盐和鸡精，淋入香油即可。

# 鸭血豆腐汤

## 材料

熟鸭血、豆腐各200克，胡萝卜1/2根。

## 调料

食用油、香菜叶、葱丝、姜丝、高汤、盐、水淀粉、胡椒粉、醋。

## 做法

1. 胡萝卜去皮，与鸭血、豆腐洗净，切条；胡萝卜、豆腐焯水过凉。

2. 锅内倒食用油烧至六成热，放姜丝、葱丝煸香，加高汤，大火烧沸后放入鸭血、豆腐、胡萝卜，大火再次烧沸后转小火，加盐，用水淀粉勾薄芡，撒香菜叶、胡椒粉，加醋即可。

# 菌子韭黄汤

## 材料

蘑菇、香菇、草菇、金针菇各50克，韭黄60克。

## 调料

鸡汤、盐、香油、胡椒粉、味精、水淀粉。

## 做法

1. 将蘑菇、香菇、草菇分别洗净，焯水，捞出切片；金针菇去根，洗净焯水后切段；韭黄洗净，切段备用。

2. 锅内倒入鸡汤煮沸，放入蘑菇片、香菇片、草菇片、金针菇段，大火煮约5分钟，下入韭黄段稍煮，加盐、味精、胡椒粉调味，用水淀粉勾芡，淋入香油即可。

# 夏季靓汤——
## 热者凉之、燥者清之

　　夏季暑邪最易损伤脾胃阳气，因其性重浊黏滞，易阻遏气机，病多缠绵难愈。脾性喜燥而恶湿，一旦脾阳为湿邪所遏，则可能导致脾气不能正常运化而气机不畅，脾虚湿困，导致消化吸收功能低下。尤其是脾气升降失和后，水液随之滞留，常见水肿形成，目下呈卧蚕状。因此，暑湿季节应适当选用一些健脾防湿的食物，以调理脾胃功能。

### ● 夏季煮汤的选料原则

　　夏季炎热，人体多汗，盐分会随汗液流失，若心肌缺盐，心脏搏动就会出现失常。中医学认为，夏季宜多食酸味以固表，多食咸味以补心。夏天闷热、潮湿的气候，容易使人体的消化吸收功能相对减弱。此时宜选用清淡原料制汤，不宜选用肥甘厚味。

　　煮汤则可比其他季节的汤饮适当添加一些咸味，午餐前趁热喝下，在潮湿闷热的天气里可以起到发汗、补充体内盐分的作用。有些人一到夏季就会出现食欲不振、厌食、寡言等状态。此时就适宜选择助消化、解暑、水溶性维生素丰富的原料制作汤羹。例如以禽类、鱼类为主料，配以菌类、果蔬等煮制，适当添加大蒜、洋葱等属辛配料。另外适当提高原料中B族维生素的供给，可减少各类炎症的发生。夏季日照充足，紫外线强烈，适当补充维生素C，可以降低阳光对皮肤加速衰老的伤害。适合在夏季制汤的原料有：禽类以鸭肉为佳，蔬菜有番茄、苦瓜、莴苣、芹菜、莲子、百合、冬瓜等。

## ●夏季喝汤忌冰冷、寒凉

夏季天气炎热，可不能以"冰"解热。例如绿豆汤、酸梅汤等消暑解渴佳品，冰镇后虽然解暑，但是凉气也极易刺激胃肠，会引起腹泻、头晕等症，天气越热，这种状况就越明显。若要饮冰汤，可以将汤品送入口后，徐徐咽下，以减少对胃肠道的刺激。切不可贪凉、贪多，虚型体质人群更应忌饮。

在夏季尤其要注意喝汤还要吃掉主料。餐前连汤带料一并吃掉，可以补充人体必需的营养，对"苦夏"人群极为有利。

# 清凉瓜块鱼丸汤

 **材料**

黄瓜1根、鱼肉200克。

**调料**

葱花、水淀粉、料酒、盐、鸡精、香油、食用油、清汤。

**做法**

**1.** 将黄瓜洗净切成斜片；鱼肉剔除刺，用刀背斩成蓉，装入容器，加水淀粉、料酒、盐顺着一个方向搅至上劲。

**2.** 锅内倒食用油烧至六成热，放入葱花煸香，倒入清汤，大火烧开后转小火，把鱼蓉挤成小丸子下锅氽熟后，放入黄瓜片，大火滚开后，放盐、鸡精调味，淋香油即可。

*温馨小提示：本品富含维生素A、铁、钙、磷等，常吃有养肝补血、泽肤养发的功效。*

# 番茄金针菇蛋汤

🥣 材 料

金针菇80克、番茄1个（约120克）、鸡蛋2个、鸡汤600毫升。

🥣 调 料

盐、香油。

做法

1. 金针菇择洗干净，去根，切小段；番茄洗净，去皮，切片；鸡蛋磕入碗中打散。

2. 锅置火上，加鸡汤煮沸，放金针菇、番茄煮2分钟，改小火淋入鸡蛋液。

3. 加入少许盐调味，盛入碗内，淋入香油即可。

# 苦瓜赤豆排骨汤

🥣 材 料

苦瓜1根、赤豆100克、猪排骨500克。

🥣 调 料

姜片、盐。

 做法

1. 猪排骨斩段洗净，余烫5分钟，捞起；赤豆洗净，浸泡4小时。

2. 苦瓜去瓤并切厚片，用盐腌渍片刻，再用清水浸泡洗净。

3. 将清水煮沸，将苦瓜片、赤豆、排骨、姜片放入沙锅大火煮沸，转中火煲3小时，用盐调味即可。

# 苦瓜瘦肉汤

🥄 材 料

苦瓜100克、猪瘦肉300克。

🥄 调 料

盐、味精、香油、葱花、胡椒粉、姜、清汤。

做法

1. 将苦瓜洗净，对剖两半，去瓤，切块；猪瘦肉洗净切片；姜洗净切片。

2. 把苦瓜块放沸水中焯水，捞出冲凉。

3. 锅置火上，倒入清汤煮沸，放入猪瘦肉片、姜片煮20分钟，再放苦瓜、盐煮15分钟。

4. 加味精、胡椒粉调味，撒上葱花，淋入香油即可。

# 苦瓜绿豆汤

🥄 材 料

苦瓜2根、绿豆150克。

🥄 调 料

陈皮1片。

做法

1. 绿豆洗净，浸泡3小时；苦瓜洗净，切块；陈皮洗净。

2. 锅中放入八分满的水，加入陈皮，待水煮沸后，放入苦瓜块和绿豆，大火炖煮约20分钟后，转小火，继续煮约2小时即可。

# 西芹茄子瘦肉汤

🥣 材 料

西芹150克、茄子200克、猪瘦肉100克、红枣15克。

🥣 调 料

姜片、盐。

做 法

1. 将西芹择洗净，切段；茄子去皮洗净，切块；猪瘦肉洗净，切片；红枣洗净，去核。

2. 沙锅内注入适量清水烧沸，放入西芹段、茄子块、瘦肉片、红枣、姜片，大火煲沸后转小火煲约1小时，加盐调味即可。

# 莲子豆腐汤

🥣 材 料

豆腐1盒，莲子20克，水发银耳、枸杞子各10克。

🥣 调 料

冰糖。

做 法

1. 将豆腐从盒中取出，切块；莲子泡发，洗净；银耳洗去杂质，撕成小朵；枸杞子洗净。

2. 锅中加入适量清水，放入莲子煮沸，待莲子将熟时，放入豆腐、银耳、枸杞子、冰糖煮沸即可。

# 黄瓜腐竹汤

材 料

黄瓜100克、腐竹40克、黑木耳20克。

材 料调 料

食用油、姜末、葱末、盐、高汤、鸡精。

做 法

1. 黄瓜洗净，切片；腐竹用水泡软，切段；黑木耳泡发，去蒂，撕成小朵。

2. 食用油锅烧热，爆香葱末、姜末，倒入适量水、高汤、腐竹段、黑木耳烧沸，加入黄瓜片，用盐、鸡精调味即可。

温馨小提示：腐竹中谷氨酸含量很高，为其他豆类的2～5倍，而谷氨酸对大脑活动起重要作用，常喝有健脑的功效。

# 南瓜绿豆汤

材 料

南瓜450克、绿豆200克、山药50克、薏米30克。

调 料

盐、味精、清汤、香油。

做 法

1. 南瓜洗净，去皮、去瓤，切厚片；山药洗净，去皮，切片；绿豆、薏米分别洗净，入清水中浸泡约30分钟。

2. 锅置火上，倒入清汤大火煮沸，放入绿豆、薏米、南瓜片、山药片，先用大火煮沸，再转小火慢炖至绿豆开花，加盐、味精调味，盛入碗内，淋入香油即可。

# 马齿苋绿豆汤

材 料

马齿苋100克、绿豆50克。

材 料

盐、味精。

做 法

**1.** 马齿苋洗净，切碎；绿豆洗净，浸泡约2小时。

**2.** 锅置火上，加入适量清水，放入绿豆大火煮沸，转小火继续煮40分钟，加入马齿苋煮约20分钟。

**3.** 加盐、味精调味即可。

# 李子蜂蜜牛奶汤

材 料

李子10颗、蜂蜜25毫升、牛奶100毫升。

做 法

**1.** 李子洗净，去核，切小块待用。

**2.** 将李子、蜂蜜、牛奶一起加水煮5分钟左右即可。

温馨小提示：1.李子的核仁切忌食用，否则会引起头痛、头晕，严重时会出现呼吸困难。2.肠胃虚弱、常腹泻者最好少食李子，因其味酸，健康人也不可一次食用过多，以免损伤牙齿。

# 什锦水果羹

🥣 材 料

橘子、苹果、鸭梨、香蕉、草莓各50克。

🥣 调 料

水淀粉、白糖。

做法

1. 将各种水果去皮、去核、去蒂，切小丁，放入盆中待用。

2. 锅中加入清水和各种果丁，煮沸后加入白糖，用水淀粉勾芡即可。

# 冰糖杨梅汤

🥣 材 料

杨梅200克。

🥣 调 料

冰糖。

做法

1. 将杨梅洗净，与冰糖一起放入锅中，加适量水煮沸。

2. 用小火炖15分钟即可。

温馨小提示：杨梅中维生素C和果酸含量十分丰富，能够生津解渴、和胃止呕、运脾消食、促进食欲、治疗消化不良。

# 丝瓜面筋汤

🥣 材 料

丝瓜2根、油面筋100克、粉丝50克。

🥣 调 料

葱花、盐、味精、胡椒粉、香油、食用油、清汤。

做 法

1. 将丝瓜洗净，去皮，切滚刀块；油面筋逐一切成块；粉丝洗净，剪段。

2. 锅内倒食用油烧至六成热，放入葱花煸香，放丝瓜翻炒片刻；倒清汤，大火烧开后放入油面筋、粉丝，中火煮5分钟；放盐、味精、胡椒粉调味，再淋香油即可。

# 鲜蘑鸭架汤

## 材料

鸭架1个、蘑菇100克。

## 调料

高汤、料酒、胡椒粉、葱段、姜片、鸡精、辣椒油、芝麻、盐。

## 做法

1. 将蘑菇洗净，去蒂，切两半；鸭架切成大块和蘑菇一起放入盆中，加料酒、盐、胡椒粉和鸡精搅匀备用。

2. 锅里倒入高汤，加入葱段、姜片，大火烧开后倒入鸭架的盆中盖上盖子。

3. 将汤盆上屉蒸2个小时，取出后，淋上辣椒油，撒上芝麻即可。

# 马蹄玉米老鸭汤

## 材料

鸭400克、马蹄100克、玉米1根。

## 调料

盐、味精、胡椒粉、香葱、姜块。

## 做法

1. 马蹄去皮，洗净；玉米洗净，剁成段；鸭宰杀洗净，剁块；香葱洗净，切段。

2. 鸭肉块放入沸水中，汆去血水后捞出沥干。

3. 煲锅置火上，加入适量清水，放入鸭肉块、姜块，大火煮沸后改小火煲40分钟，放入玉米段、马蹄一同煲至熟，加盐、味精、胡椒粉调味，撒香葱段即可。

# 排骨玉米汤

## 材 料

猪排骨500克、玉米3根。

## 调 料

盐、味精、香油。

## 做 法

1. 将猪排骨洗净后汆烫去血水，再捞起洗净沥干备用。

2. 玉米去皮、去须，洗净切段备用。

3. 锅置火上，放入排骨、玉米段煮沸，再改用中火煮10分钟。

4. 起锅前加入盐、味精、香油调味即可。

温馨小提示：这款汤非常滋补、老幼皆宜。也可以将猪排骨换成猪肉、牛肉，冬日进补可再加入枸杞子，夏日放入苦瓜可清火、降脂，春秋可放入薏米祛湿。

# 莲藕花生猪骨汤

**材料**

猪骨500克、莲藕400克、花生仁200克。

**调料**

姜片、盐。

**做法**

**1.** 猪骨洗净，斩成块，氽水，捞出；莲藕去皮，洗净，切块；花生仁洗净，浸泡透，去皮备用。

**2.** 汤锅放清水、猪骨块煮沸，撇去浮沫，加莲藕块、花生仁、姜片大火煮沸，转小火慢炖至熟烂，加入盐调味即可。

温馨小提示：此汤品补而不燥、润而不腻、香浓可口，具有补中益气、养血健骨、滋润肌肤的作用。

# 四季豆西蓝花汤

 **材料**

西蓝花、四季豆、胡萝卜各100克。

**调料**

清汤、盐、味精。

**做法**

**1.** 胡萝卜洗净，去皮，切片；西蓝花洗净，切小朵；四季豆洗净，去筋，切丝；将四季豆、胡萝卜片、西蓝花分别焯水。

**2.** 汤锅内倒入清汤煮沸，放胡萝卜片、西蓝花、四季豆丝煮熟，加盐、味精调味即可。

## 莲藕牛腩汤

 材 料

牛腩350克，莲藕200克，蜜枣、赤豆各适量。

🥄 调 料

姜末、盐。

做 法

1. 牛腩洗净，切大块，去油脂，氽烫，取出过凉，洗净，沥干；莲藕洗净，去节和皮，切大块；赤豆、蜜枣洗净。

2. 牛腩块、莲藕块、赤豆、蜜枣、姜末放入锅中，加适量清水，大火煮沸，转小火炖3小时，加盐调味即可。

温馨小提示：牛腩补脾益气、养血强身；莲藕旺血生津，可增强此汤补虚之功效。

## 绿豆莲藕汤

🥄 材 料

绿豆150克、莲藕100克。

🥄 调 料

桂花酱、冰糖。

做 法

1. 绿豆洗净，浸泡4小时，放入锅内煮；莲藕洗净，切丁。

2. 绿豆煮至开花，放入藕丁，搅拌一下，继续烧煮。

3. 放入桂花酱、冰糖，搅拌均匀关火即可。

# 秋季靓汤——
## 润肺防燥、补充水分

关于秋季养生，《黄帝内经》有"秋冬养阴"之说。这是因为人体经春夏发萌长足之后，欲进入收藏之时，此时对阴精一类物质的需要量增加。如果阴精能够充足，则能为入冬后的潜藏提供良好的物质基础。

中医学认为，春夏属阳，秋冬属阴。秋风渐起，天气渐凉，各种植物自然成熟，进入收获季节，即由"长"转向"收"的收敛过程。《管子》指出："秋者阴气始下，故万物收。"这里的阴气始下，说的是在秋天由于阳气渐收，而阴气逐渐生长而来；万物收，是指万物成熟，到了收获之时。秋季是一个由热转寒，即"阳消阴长"的过渡阶段，人体的生理活动也要适应自然的改变，随"长夏"到"秋收"而相应改变。因此，秋季养生不能离开"收、养"这一原则，也就是说，秋季养生一定要把保养体内的阴气作为首要任务，以适应自然界阴气渐生而旺的规律，从而为来年阳气生发打基础，而不应该耗精而伤阴气。具体地说，就是要早睡早起、安神宁志，以顺应秋令的特点，减轻秋季肃杀之气对人体的影响。

### ●秋季煮汤的选料原则

金秋时节，果蔬最为丰富，适宜调养脾胃、助气补筋、益肾养元气。据《千金方·食治》记载："秋七十二日，省辛增酸，以养肝气；季月各十八日，省甘增咸，以养肾气。"中国秋季有"贴秋膘"的习

俗，那是因为古时，前有苦夏后有冬季食物匮乏的情况，而今切不可贪食过多。制作汤羹时不可肥腻，脂肪、热能含量不宜过高。尽量少选

用辛辣刺激的原料制汤，而应借助秋季瓜果丰盛时，多添加果蔬在汤羹里，以解"贴秋膘"时造成的油腻，避免湿热之气的堆积。入汤原料以平补为佳，不宜选用大补的原料。

## ●秋季喝汤滋阴润燥

进入秋季，不可饮用冰饮，以避免消化吸收功能疾病。进入秋季后，空气会相对干燥，敏感者皮肤会有瘙痒感。秋季宜常饮用以植物性原料为主料、添加适量动物性辅料的汤品，亦宜养阴滋燥、宜肝补气的汤品，不宜食用过于油腻。秋季汤饮要以清汤类为主，一是滋润脾胃，二是补充水分、缓解干燥。

# 排骨萝卜顺气汤

**材 料**

猪肋排300克、白萝卜500克。

**调 料**

姜片、葱段、料酒、盐。

**做 法**

**1.** 猪肋排洗净，顺骨缝切成单根，斩成寸段，放入沸水锅中余水捞出，洗去血沫；白萝卜洗净，去根须，切块焯熟过凉备用。

**2.** 锅内放入适量的凉水，放入余好的排骨、姜片、葱段、料酒，大火烧开后改小火煲1小时；放入萝卜块，大火烧开后改小火慢炖30分钟，加入盐调味即可。

*温馨小提示：*萝卜有清热化痰、生津止咳、益胃消食的功效，是秋季养肺佳蔬，与排骨一起煲汤，不仅有滋补的功效，而且补而不腻。

# 瘦肉螃蟹汤

 材 料

螃蟹200克，猪瘦肉80克，鲜贝、山药、青豆各50克。

 调 料

盐、香油。

做 法

1. 猪瘦肉洗净，切块，余水捞出；螃蟹洗净，放沸水中略余后捞出；山药去皮洗净，切块；青豆、鲜贝分别洗净。

2. 煲锅置火上，倒入清水煮沸，放入猪瘦肉块、螃蟹、鲜贝、山药，大火煲5分钟，加入青豆，改小火煲35分钟。

3. 加盐、香油调味即可。

# 莲藕薏米排骨汤

 材 料

猪排骨300克、莲藕50克、薏米20克。

 调 料

香菜末、香油、盐。

做 法

1. 莲藕去皮，洗净，切厚片；薏米洗净。

2. 猪排骨洗净，余水，捞出沥干。

3. 锅内放适量水煮沸，放入猪排骨、薏米和藕片，转小火煮45分钟至熟烂，加盐调味，放香菜末，再淋香油即可。

# 莲藕黄芪猪肉汤

 材 料

莲藕、黄芪各30克，猪瘦肉100克，莲子、山药、党参各适量。

🥣 调 料

盐。

**做法**

1. 猪瘦肉洗净，切小块；莲子去心，洗净；莲藕、黄芪、山药、党参洗净，莲藕切块。

2. 将藕块、莲子、黄芪、山药、党参与猪瘦肉一起入锅，加适量水大火煮沸，转中火煮至瘦肉熟烂，调入少许盐即可。

# 排骨莲藕汤

 材 料

猪肋排、莲藕各300克，红枣5颗。

🥣 调 料

姜片、葱段、料酒、盐。

**做法**

1. 猪肋排洗净，顺骨缝切成单根，斩成寸段，余水捞出洗去血沫；莲藕洗净，去皮，切块备用。

2. 锅内放入适量凉水，放入余好的猪肋排段、姜片、葱段、料酒，大火烧沸后转小火炖1小时，放入切好的藕块、红枣，大火烧沸后转小火焖煮30分钟，加入适量盐调味即可。

# 参麦黑枣乌鸡汤

COOK

🥣 材 料

西洋参10克，麦冬、黑枣各20克，乌鸡1只。

🥣 调 料

姜、盐。

做 法

1. 西洋参洗净，切片；麦冬、黑枣分别洗净；姜洗净，切片。

2. 乌鸡处理干净，入沸水锅中余去血水后捞出，用清水冲洗干净。

3. 煲锅中倒入适量清水煮沸，放入西洋参片、麦冬、黑枣、乌鸡、姜片，大火煲沸后转小火煲3小时，加盐调味即可。

# 香芋鸡汤

COOK

🥣 材 料

土鸡1/2只、芋头块100克、枸杞子10粒。

🥣 调 料

食用油、姜片、葱段、料酒、盐、清汤。

做 法

1. 土鸡洗净，斩成大块，余水捞出；枸杞子洗净，用温水泡软备用。

2. 锅内倒食用油烧至六成热，放入姜片、葱段煸香，放入鸡块，煸炒片刻。

3. 沙锅内倒入清汤，大火烧开后放入鸡块、葱段、姜片、料酒，开锅后小火煮1小时，放入芋头块、枸杞子，继续焖煮1小时，放入盐调味即可。

# 香浓玉米汤

 **材 料**

玉米碎100克、鲜奶100毫升、鸡蛋2个、芹菜50克。

 **调 料**

水淀粉、白糖、盐、鸡精。

**做法**

**1.** 将芹菜择洗干净，切末。

**2.** 锅中加水，放入玉米碎，煮沸后转小火熬煮30分钟，加入鲜奶，将水淀粉沿锅边淋入锅中勾芡，搅动汤汁，使汤汁煮至呈黏稠状。

**3.** 把打散的鸡蛋液倒入锅中，最后放入白糖、盐、鸡精调味，撒上些芹菜末即可。

# 莲子百合麦冬汤

🥣 **材 料**

莲子40克，红枣、百合各10克，麦冬20克，枸杞子5克。

🥣 **调 料**

冰糖。

**做 法**

1. 莲子洗净，去心，用清水浸泡1小时；红枣洗净去核；百合、麦冬、枸杞子分别入清水泡软，洗净。

2. 锅内加水煮沸，放莲子，改小火煮至莲子略烂，加百合、麦冬、枸杞子、红枣煮20分钟，加冰糖至溶化，拌匀即可。

# 银耳莲子汤

🥣 **材 料**

银耳15克、莲子50克、菠菜适量。

🥣 **调 料**

姜片、葱丝、料酒、盐。

**做 法**

1. 银耳放入温水中泡发，洗净，撕成小片；莲子泡软，洗净；菠菜择去老叶，洗净，焯水，切成长段备用。

2. 锅置火上，放入适量清水，烧沸，放入莲子、银耳片，煮30分钟后放入菠菜段、葱丝、姜片、盐、料酒煮沸即可。

# 冬季靓汤——
## 生津润燥、滋补暖身

在寒气笼罩的冬季，阴气盛极，阳气潜藏，大地冰封，万物闭藏。此时调神，当以收谧、封藏为好，以保护人体阳气，使其闭藏、内养而不被打扰。神气不外露，如有隐私之状，以蓄锐养精，来年方能体态安康。要做到早睡晚起，等到日光出现时起床才好，不要让皮肤开泄出汗，汗出过多会耗伤阳气。因此，在每年最寒冷的季节，讲究养生保健是很重要的。

## ● 冬季煮汤的选料原则

冬季是最适宜滋补的季节，应养肾助筋、调理肾旺，煮汤时适宜用沙锅为煮汤工具。此时适当增加果蔬食用，调节油腻、增加B族维生素，可以减少各类炎症的发生概率。冬季身体畏冷，除了体质虚寒外，还有可能会造成机体缺铁。所以冬季适当饮用富含铁的滋补汤品，可以缓解人体的寒冷，如多食用富含钙、铁的海带，可提高机体御寒能力。适当饮用富含维生素C的汤品，可以有效地提高抵抗力、预防感冒。冬季气温的下降，使人体交感神经兴奋、小血管收缩、血压升高、心率加快，并使血中纤维蛋白增加，易形成动脉血栓。此时煲汤，可适当选用富含蛋白质的制汤原料，如猪、牛、鸡、兔、大豆等。适合冬季煮汤的原料还包括：羊肉、红薯、胡萝卜、莲藕、土豆、辣椒、红枣、核桃、海带等。

冬季进补也要适可而止，过了容易引起胃肺火盛。消化吸收功能弱者容易引起上呼吸道感染、扁桃腺，及口腔黏膜疾患、肾虚、肾炎、痔疮等。

## ●冬季不宜盲目喝汤进补

冬季喝汤不宜无病进补。冬季适宜选用温和的食物滋补，但不宜盲目进补。滋补汤品不宜每日连续饮用，间隔期适宜以清淡汤品缓解。

冬季不宜慕名进补，如人参、冬虫夏草之类并非适合所有人，应慎选制汤原料，因为滋补不当会适得其反。在冬季中国北方地区因供暖，空气较干燥，南方会因湿而有冷感。故饮汤品也要随地域和身体状况的不同而有差异。

若是家里潮冷，除了利用空调之类的电器除湿外，还适宜升补。适量添加去湿功效的制汤原料，也能缓解机体的不适感。适合冬季升补之药包括红参、当归、红枣、桂圆、核桃、板栗、杜仲等。

# 猪肚白果汤

🥄 **材 料**

猪肚300克、白果100克。

🥄 **调 料**

香菜末、姜片、盐、鸡精、清汤。

 **做 法**

**1.** 猪肚洗净，氽水，沥干，切条备用；白果洗净，去皮，用温水浸泡数小时，放入沸水煮熟后捞出备用。

**2.** 沙锅内放入适量清汤，放入猪肚、白果、姜片，大火烧开后转小火焖煮30分钟，加盐、鸡精，撒上香菜末即可。

# 雪梨蹄花汤

🥄 **材 料**

淡味酱猪蹄1只、雪花梨200克。

🥄 **调 料**

高汤、盐、香菜末。

**做 法**

**1.** 酱猪蹄洗净，剁块；雪花梨去皮、去核，切成块。

**2.** 高汤里放入猪蹄大火煮沸，放入雪花梨块，煮至雪花梨变色，加盐、香菜末调味出锅即可。

# 佛手排骨汤

 材 料

猪肋排300克、佛手瓜200克、杏仁20克。

调 料

姜片、葱段、料酒、盐。

做 法

1. 猪肋排洗净，顺骨缝切成单根，斩成段，汆水捞出洗去血沫；佛手瓜洗净，切块；杏仁用温水泡软备用。

2. 锅内倒入清水，放入排骨、杏仁、姜片、葱段、料酒，大火烧开后小火煲1小时；放入佛手瓜块，小火煲30分钟，加入适量的盐调味即可。

# 芋头排骨汤

 材 料

猪小排1000克、芋头100克。

调 料

食用油、酱油、料酒、白糖、淀粉、蒜末、盐、香菜末。

做 法

1. 猪小排洗净，放酱油、淀粉腌渍一下，然后放入热食用油锅中炸至黄色，捞出备用。

2. 芋头去皮，洗净，切块，入热食用油锅炸至外皮发黄，捞出备用。

3. 油锅炝香蒜末，放入排骨、芋头，加入料酒、白糖、盐，加水烧开后改小火煮至芋头熟软，放入沙锅中再煲15分钟，撒上香菜末即可。

# 海带猪肉汤

COOK

🥄 材 料

海带100克、陈皮2块、猪瘦肉500克。

🥄 调 料

盐、料酒、胡椒粉、姜、小葱。

做法

1. 海带泡发，清洗干净，切成菱形片；猪瘦肉洗净，切块；姜洗净，拍碎；小葱洗净打成结；香菜洗净，切段。

2. 煲锅置火上，倒入适量清水，放入海带、陈皮、猪瘦肉、姜、葱结，用大火煮沸，烹入料酒，改用小火煲1小时，加盐、胡椒粉调味即可。

# 萝卜牛腩煲

COOK

🥄 材 料

胡萝卜、白萝卜、牛腩各200克。

🥄 调 料

食用油、葱段、姜片、蒜瓣、花椒、香菜段、辣椒段、料酒。

做法

1. 胡萝卜、白萝卜洗净，切滚刀块；牛腩切块，氽烫，沥水。

2. 锅内放食用油烧热，爆香葱段、姜片、蒜瓣，放花椒略炒，放牛腩块翻炒，焖2分钟，加料酒、辣椒段、水，小火炖1小时，加胡萝卜块、白萝卜块继续熬煮1小时，最后撒上香菜段即可。

# 咖喱牛肉汤

🥣 **材 料**

牛腩、土豆各300克。

🥣 **调 料**

食用油、葱段、姜片、油咖喱、料酒、盐、清汤。

**做法**

1. 将牛腩洗净切块，焯水，捞出，沥干；土豆削皮、洗净，切成滚刀块放入六成热的食用油锅煸成金黄色，出锅沥油。

2. 沙锅放入适量清汤，大火烧开后放入牛肉、葱段、姜片、油咖喱、料酒，大火煮沸后改小火焖煮2小时，放入土豆块小火焖煮熟，放盐调味即可。

# 羊肉清汤

🥣 **材 料**

羊肉600克、冬笋200克。

🥣 **调 料**

香葱、姜、盐、料酒。

**做法**

1. 羊肉洗净，切块，焯水，捞出沥干；冬笋洗净去壳，切滚刀块；葱洗净，打结；姜洗净，拍碎。

2. 用瓦煲烧沸清水，把羊肉、冬笋及料酒、姜、葱结加入锅中，盖上盖子大火烧约15分钟，改中火煲约30分钟，再用小火煲至羊肉和笋块均酥软，加少许盐调味即可。

# 羊肉山药青豆汤

🥣 材 料

羊肉块200克、山药块100克、青豆30克。

🥣 调 料

花椒、大料、小茴香、孜然、肉蔻、姜片、盐、味精。

做法

1. 羊肉块氽去血水除腥，用凉水洗净；将花椒、大料、姜片、小茴香、孜然、肉蔻入袋中做料包。

2. 煲锅中倒水，放羊肉块、料包煮沸，改小火煮1小时，放山药块、青豆煮30分钟，取出料包，加盐、味精调味即可。

# 黄芪羊肉煲

🥣 材 料

羊肉500克，当归、黄芪各15克。

🥣 调 料

料酒、盐、味精、清汤、老姜。

做法

1. 羊肉洗净，切成大块，氽水捞出，用温水洗去浮沫；老姜用刀拍碎；当归、黄芪洗净备用。

2. 锅内倒入适量清汤，放入料酒、老姜、当归、黄芪、羊肉块，大火烧沸后，转小火煲3小时，加盐、味精调味即可。

# 龙枣羊心汤

🥣 材 料

桂圆（龙眼）肉、红枣各6颗，羊心1个，枸杞子10克。

🥣 调 料

盐、鸡精。

做 法

1. 将羊心洗净，切片，与红枣、桂圆肉、枸杞子放入沙锅中，加适量水，用小火炖至羊心熟烂。

2. 再加入盐、鸡精调味即可。

*温馨小提示：羊心富含蛋白质、维生素A、铁、烟酸、硒等营养元素，有补心益血的作用。*

# 十全羊肉煲

🥣 材 料

羊肉500克，茼蒿200克，当归、白芍、党参各6克。

🥣 调 料

葱段、姜片、料酒、盐、味精、清汤。

做 法

1. 将羊肉洗净，切成大块，汆水捞出，用温水洗去血沫沥干；茼蒿择好洗净，沥干水分；三味药料洗净备用。

2. 锅内倒入适量清汤，放入药料、羊肉、葱段、姜片、料酒大火烧开，再改小火煲3小时，放入茼蒿煮2分钟，加盐、味精即可。

# 当归黄芪乌鸡汤

### 🥘 材 料

乌鸡肉250克、黄芪20克、当归15克、枸杞子5克。

### 🥘 调 料

料酒、味精、盐。

### 做法

1. 乌鸡肉洗净，切块，加适量料酒、盐，腌渍5分钟。

2. 把鸡肉块、当归、黄芪置于沙锅内，加入适量水，将沙锅置大火上煮沸，再转小火煮30分钟，加入枸杞子稍煮，加入盐、味精调味即可。

# 板栗炖乌鸡

### 🥘 材 料

乌鸡500克、板栗100克。

### 🥘 调 料

葱段、姜片、盐、香油。

### 做法

1. 乌鸡剁块，洗净，入沸水中氽透，捞出；板栗去壳。

2. 沙锅内放入乌鸡块、板栗，加水至没过鸡块和板栗，置火上，加葱段、姜片大火煮沸，转小火煮45分钟，用盐和香油调味即可。

# 冬笋面筋土鸡汤

 材 料

净土鸡1/2只、冬笋100克、面筋6个、枸杞子10克。

🥄 调 料

葱段、姜片、料酒、盐、食用油、清汤。

**做法**

**1.** 土鸡斩成大块，汆水捞出；冬笋剥皮去根，切块，焯水过凉；枸杞子洗净。

**2.** 锅内倒食用油烧至六成热，放入姜片、葱段煸香，放入鸡块，煸炒片刻。

**3.** 沙锅内倒入清汤，大火烧开后放入鸡块、冬笋、面筋、葱段、姜片、料酒，开锅后小火煮3小时，加盐调味即可。

# 板栗煲鸡汤

 材 料

鸡腿1只，板栗、香菇各50克，红枣8颗。

🥄 调 料

食用油、葱末、姜末、酱油、料酒、白糖、盐、胡椒粉。

**做法**

**1.** 鸡腿洗净，剁块，拌入酱油略腌渍，用食用油锅炸至上色；板栗去壳，洗净；香菇泡软、去蒂、切两半；红枣洗净。

**2.** 食用油锅爆香葱末、姜末，放入鸡块和香菇略炒，再加入料酒、胡椒粉、酱油、清水及红枣烧开，煮10分钟后，再放入板栗、盐、白糖同煮，待熟软即可。

# 黄芪茯苓鸡汤

COOK

### 🥣 材 料

鸡腿250克，黄芪、魔芋丝、茯苓各15克，红枣15颗。

### 🥣 调 料

盐、料酒。

### 做 法

1. 鸡腿洗净，切块入热水中汆烫，捞起沥干。

2. 黄芪、茯苓、红枣用清水冲洗干净。

3. 将上述材料加约600克水熬汤，大火煮沸后转小火煮约25分钟，加料酒及盐调味，起锅前加入魔芋丝，即可食用。

# 虫草炖老鸭

COOK

### 🥣 材 料

老鸭200克，冬虫夏草、川贝各6克，麦冬9克，螺蛳5个。

### 🥣 调 料

生姜、胡椒粉、盐。

### 做 法

1. 将老鸭去骨取净肉，加清水、螺蛳、生姜、胡椒粉、盐同炖。

2. 待老鸭炖烂时，再放冬虫夏草、麦冬、川贝，用小火煨30分钟即可。

# 冬瓜炖老鸭

### 🥢材 料

老鸭1/2只、冬瓜300克、火腿30克。

### 🥢调 料

鸡汤、盐、料酒、味精。

### 做法

**1.** 冬瓜去皮、去瓤，洗净切厚片；火腿切片备用。

**2.** 老鸭洗净，放入开水中氽烫，捞出洗净。

**3.** 沙锅内放入老鸭、鸡汤、冬瓜片、火腿片、料酒，用大火煮沸后改小火炖2小时，加盐、味精调味即可。

# 冬瓜核桃薏米汤

### 🥢材 料

冬瓜200克，薏米、核桃仁各30克。

### 🥢调 料

盐。

### 做法

**1.** 冬瓜洗净，去皮、去瓤，切条；核桃仁、薏米均洗净。

**2.** 汤锅中加入适量清水，烧沸后放入洗净的薏米，煮至米熟后加冬瓜条、核桃仁同煮，待冬瓜熟烂后放适量盐调味即可。

# 小白菜丸子汤

COOK

### 材料

小白菜200克、猪肉150克、鸡蛋1个。

### 调料

盐、料酒、葱末、姜末。

### 做法

**1.** 猪肉洗净，剁碎，加盐、料酒、鸡蛋、葱末、姜末调成馅，挤成丸子；小白菜洗净，掰叶，焯水，捞出，过凉备用。

**2.** 锅内倒适量水煮沸，转小火，将丸子放锅中，待煮熟后捞出，撇去浮沫，加入小白菜，再将丸子放入，稍煮，加盐调味即可。

# 白菜紫菜豆腐汤

COOK

### 材料

白菜200克、豆腐100克、紫菜25克。

### 调料

味精、盐、高汤、葱花。

### 做法

**1.** 豆腐洗净，切厚片，焯烫捞出；白菜去老帮，洗净切段；紫菜稍泡洗，撕成条。

**2.** 锅内倒高汤煮沸，放豆腐片、白菜段、紫菜条稍煮，加盐、味精，撒葱花即可。

# 第三章

## 因"食"进补，一碗好汤暖胃养身

食材是汤品味佳且有营养的关键，食材的搭配组合也影响着汤的养生功效，无论是蔬菜，还是肉类和海鲜，都可以在汤品中释放出来。春夏秋冬，汤饮都是补气养身的佳品。

# 蔬果靓汤——
## 加强身体代谢力，跟肥胖"断舍离"

蔬果汤制作起来简便快捷，还能为人体提供丰富的维生素和矿物质，更有清口解腻的作用。制作清爽美味的蔬果汤要掌握几个关键点：一是注意材料入锅的先后顺序，一般块茎类食材、鲜味浓郁的菌类食材可先入锅，绿叶类食材后放，入锅后煮沸即熟；二是宜用高汤、清汤代替清水，这样能增加汤品的香浓。如果使用几种蔬菜入汤，可用水淀粉勾芡，以增加汤品的质感。

## 彩蔬松花汤

🥣 **材 料**

番茄、西蓝花各100克，松花蛋1个。

🥣 **调 料**

高汤、盐、葱花、鸡精、食用油。

1. 番茄去蒂，洗净后切成瓣；西蓝花掰成小朵，洗净后焯水，浸在冷水中；松花蛋去皮，切成瓣。
2. 食用油烧热，放入葱花爆香，加入高汤，放入番茄、西蓝花和松花蛋，大火烧开，转小火，撇去汤面浮沫，加入盐、鸡精调味即可。

*温馨小提示：西蓝花和番茄都是很好的吸油食物，能帮助食物代谢，排除体内的毒素和油脂。*

# 番茄鸡蛋汤

材 料

鸡蛋2个、番茄150克、菠菜100克。

调 料

高汤、盐。

做法

1. 鸡蛋磕入碗中打散成蛋液；番茄用沸水稍烫，去皮、去子，切片备用。

2. 菠菜洗净，入沸水锅中稍焯，捞出用凉水过凉，切段。

3. 锅置火上，加入高汤大火煮沸，放入番茄片煮3分钟，下入菠菜段，淋入蛋液搅匀，加盐调味即可。

# 胡萝卜杏仁汤

材 料

胡萝卜300克、杏仁30克、马蹄50克。

调 料

冰糖。

做法

1. 胡萝卜洗净，去皮，切块；杏仁洗净，浸水泡1个小时；马蹄洗净，去皮，切成两半。

2. 锅内倒入清水，放入所有材料炖沸，加入冰糖，再用小火炖30分钟即可。

# 苹果马蹄汤

材 料

雪梨、苹果各2个，银耳20克，马蹄15个，陈皮1片。

调 料

冰糖。

做 法

1. 雪梨、苹果洗净切块；马蹄洗净削去外皮，银耳预先浸泡在水中备用。

2. 锅中放入适量清水，先放入陈皮，待水煮沸后，再放入雪梨、苹果、马蹄，以大火煮约20分钟后，再转为小火，继续炖约2小时，加入少许冰糖即可。

# 葱枣汤

材 料

红枣50克、葱60克。

调 料

冰糖。

做 法

1. 红枣用凉水泡发后，去核；葱去皮，洗净，切成3厘米长的段。

2. 锅置火上，放500克凉水，加入红枣煮20分钟，再加入葱段、冰糖煮10分钟即可。

# 青蒜土豆汤

材 料

青蒜6根、土豆1个。

🥣调 料

高汤、奶油、盐、大蒜、胡椒粉。

做法

1. 将青蒜洗净只留蒜白的部分，切片；土豆去皮，洗净，切成片状，备用。

2. 将大蒜切末，用奶油爆香，加入青蒜、土豆片一起炒至熟软。

3. 倒入高汤煮滚，然后转小火，再炖煮15分钟，最后放入盐和胡椒粉调味即可。

# 西蓝花浓汤

材 料

西蓝花150克、土豆1个。

🥣调 料

鲜乳酪、盐、胡椒粉。

做法

1. 西蓝花掰成小朵，洗净，保留几朵菜花，其余的剁碎；土豆洗净，削皮，切成小块。

2. 汤锅中倒入适量清水，放入土豆块，大火煮15分钟，再放入西蓝花碎，煮至土豆软烂时，把鲜乳酪放入汤中，搅拌均匀，加盐、胡椒粉调味，再放入几朵菜花，继续煮2分钟即可。

# 桂圆松仁汤

 材 料

桂圆40克、松子仁20克。

 调 料

白糖。

做 法

1. 桂圆去壳，洗净，去核；松子仁洗净。

2. 将洗净的桂圆肉和松子仁放入锅中，加适量水，用中火烧沸。

3. 再改用小火煮约10分钟，加适量白糖即可。

温馨小提示：常吃本品能起到补肾益气、养血润肠、滑肠通便、润肺止咳等作用。

# 板栗白菜汤

 材 料

大白菜300克、板栗80克。

 调 料

盐、水淀粉、白糖、清汤。

做 法

1. 大白菜洗净；板栗去外壳，将板栗肉切两半备用。

2. 将白菜入沸水锅中稍焯，捞出沥干水分，切丝。

3. 锅置火上，倒入清汤大火煮沸，放板栗煮至熟，加入白菜丝稍煮，加盐、白糖调味，淋入水淀粉勾芡即可。

# 粉丝萝卜汤

 材 料

白萝卜150克，粉丝、洋葱各50克。

材 料 调 料

盐、胡椒粉、味精、香菜、高汤。

做 法

1. 白萝卜去皮，洗净，切细丝；粉丝用温水泡发，剪成段，洗净；洋葱去外皮，切丝；香菜洗净，切段。

2. 锅置火上，倒入高汤大火煮沸，放入白萝卜丝煮熟，加入粉丝、洋葱丝煮约5分钟，加盐、胡椒粉、味精调味，撒上香菜段即可。

# 酸辣汤

 材 料

豆腐干60克，胡萝卜、竹笋各100克，鲜红椒30克。

材 料 调 料

盐、干红椒、酱油、醋、淀粉、胡椒粉。

做 法

1. 豆腐干、竹笋、胡萝卜均洗净，切细丝；红椒洗净，切丝；干红辣椒洗净，切细末。

2. 锅中加清汤煮沸，加所有材料及干红辣椒末，中火煮半小时，加盐、胡椒粉、酱油、醋调味，用水淀粉勾薄芡，撒葱末即可。

# 川贝雪梨汤

 材 料

雪梨2个、川贝10克。

🥣 调 料

冰糖。

做 法

**1.** 将鸭梨洗净，去蒂，切开去核，再切成小块。

**2.** 川贝洗净用温水泡软备用。

**3.** 将雪梨、川贝放入容器，上笼大火蒸，锅上汽开后再蒸20分钟，加入冰糖即可。

温馨小提示：此汤中川贝和雪梨都有润肺的作用，可用于理气、保护气管、止咳化痰、调理胃肠功能。

# 二冬汤

🥣 材 料

冬笋150克、香菇（冬菇）100克。

🥣 调 料

味精、盐、料酒、白糖、酱油、水淀粉、香油、食用油、姜丝。

做 法

**1.** 香菇泡发，洗净，切两半；冬笋去外壳，切两半，焯透，切片。

**2.** 锅中倒食用油烧热，放入姜丝炒出香味，加入适量清水，再放入盐、味精、料酒、酱油、白糖煮5分钟。

**3.** 将冬笋、香菇一起入锅炖10分钟后，用水淀粉勾芡，出锅淋香油即可。

# 冬瓜芥菜汤

🥣 材 料

芥菜300克、冬瓜150克。

🥣 调 料

盐、味精、胡椒粉、香油、食用油、高汤、葱段、姜片。

做 法

1. 将芥菜洗净，切段；冬瓜洗净，去皮、去瓤，切片。

2. 锅置火上，倒食用油烧至五成热，下入葱段、姜片炝锅，倒入高汤煮沸，下入芥菜和冬瓜，加入盐、胡椒粉煮沸，加味精调味，淋香油即可。

# 荠菜鸡蛋汤

🥣 材 料

荠菜400克、鸡蛋2个。

🥣 调 料

盐、味精。

做 法

1. 荠菜择洗干净；鸡蛋磕入碗内打散备用。

2. 荠菜放入沙锅内，加适量清水用大火煮沸。

3. 在沙锅内淋入鸡蛋液，加盐、味精稍煮，盛入碗中即可。

温馨小提示：如果没有新鲜荠菜，换成其他应季蔬菜也可。

# 芙蓉玉米羹

材料

鲜玉米粒200克、鸡蛋1个。

调料

盐、水淀粉、香油、胡椒粉、味精。

做法

1. 鲜玉米粒冲洗干净；把鸡蛋磕入碗中打散。

2. 锅置火上，放入适量清水烧沸，倒入玉米粒煮沸，加入盐调味，用水淀粉勾芡，慢慢淋入鸡蛋液，再加入香油、胡椒粉、味精搅匀即可。

# 素罗宋汤

材料

西芹1棵、番茄2个、土豆100克、圆白菜适量。

调料

番茄酱、盐、胡椒粉、白糖、奶油。

做法

1. 将西芹洗净，切小段；番茄洗净，切片；土豆去皮，洗净，切块；圆白菜洗净，撕成小片，备用。

2. 将西芹、番茄、土豆放入锅中，加5杯水煮30分钟。

3. 加入番茄酱、盐、胡椒粉、白糖、奶油搅拌后，转小火慢熬，再将圆白菜加入锅中煮15分钟即可。

# 番茄菠菜汤

材　料

番茄、菠菜各200克，黄芪50克。

🍲 调　料

盐。

做法

1. 将番茄洗净，剥去外皮，切成瓣；菠菜择洗干净后去根，切成小段。

2. 将黄芪放入锅中加适量水煮沸，放入番茄瓣，煮沸后放入菠菜段，再煮沸时加盐调味即可。

## 蛋蓉花椰菜汤

### 🥣 材 料

花椰菜150克、鸡蛋1个、香菇丁20克、青豆适量。

### 🥣 调 料

食用油、葱丝、姜丝、盐、香油、胡椒粉、味精。

### 做 法

1. 花椰菜掰成小朵，洗净，焯烫，捞出；鸡蛋煮熟，去壳，蛋白切丝，蛋黄碾碎。

2. 食用油锅烧热，放入蛋黄略炒，放入葱丝、姜丝，加适量清水，烧沸后放入花椰菜、蛋白、香菇、盐、味精、胡椒粉煮2分钟，再淋香油即可。

## 圆白菜汤

### 🥣 材 料

圆白菜100克、胡萝卜50克。

### 🥣 调 料

食用油、盐、胡椒粉、葱末、姜末、味精、香油。

### 做 法

1. 将圆白菜剥去老叶，洗净，切成5厘米长的丝；胡萝卜去皮，洗净，斜刀切成薄片，再切成丝。

2. 锅内倒食用油烧热，放入葱末、姜末煸炒出香味，放入胡萝卜丝、圆白菜丝，翻炒片刻，加盐及适量清水烧沸，放入香油、胡椒粉、味精，搅匀即可。

# 丝瓜油条汤

 材 料

丝瓜1根、油条2根、粉丝10克。

调 料

葱花、盐、鸡精、白胡椒粉、香油、食用油、清汤。

做 法

1. 将丝瓜洗净，刮皮去瓤，切成滚刀块；油条切成块；粉丝洗净剪成段，用温水泡软备用。

2. 锅内倒食用油烧热，煸香葱花，再放入丝瓜翻炒片刻，倒入清汤，大火烧开后放入油条、粉丝，以中火煮5分钟，放盐、鸡精、白胡椒粉，淋上香油即可。

# 娃娃菜火腿汤

 材 料

娃娃菜4棵、火腿40克。

调 料

盐、鸡精、香油、葱丝、姜丝、香菜段、高汤。

做 法

1. 将娃娃菜洗净，根部剞十字花刀，焯水过凉；火腿切薄片备用。

2. 锅内倒入高汤，大火烧沸后放入娃娃菜，开锅后加入火腿片大火煮沸片刻，加入盐和鸡精，撒上葱丝、香菜段、姜丝，淋上香油即可。

# 畜肉靓汤——
## 筑免疫护网，吃出好身体

欲煲出营养美味的肉汤，需要掌握某些诀窍。凉水下料是关键，中途也不能加冷水，热水或者正加热中肉类遇冷都会使蛋白质迅速凝固，不易释出鲜味；火候不要过大，以保持汤沸腾为准，大滚大沸会破坏肉中的蛋白质营养素；忌过早放盐，因为早放盐会使肉中的蛋白质凝固不易溶解，且会让汤色发暗，浓度不够。

## 丁香煲排骨汤

 **材 料**

猪排骨500克、丁香10克。

**调 料**

白糖、料酒、姜、盐。

**做法**

1. 将猪排骨洗净，剁寸段，入沸水锅中汆去血水后捞出；丁香用温水浸泡；姜洗净，切厚片。

2. 锅内倒入适量清水，放排骨、丁香、料酒、姜片，大火煮沸后改小火煲90分钟，加白糖、盐调味即可。

# 榨菜肉丝汤

材　料

猪瘦肉100克、榨菜80克。

调　料

盐、葱段、香油、味精。

做法

1. 猪瘦肉、榨菜分别洗净，切成丝；肉丝放入碗内，加清水、葱段抓匀，沥去血水备用。

2. 锅放清水煮沸，放入猪肉丝，待肉丝变色时，撇去汤面上的浮沫，放入榨菜丝稍煮，加盐、味精调味后倒入汤碗内，淋适量香油即可。

# 番茄猪肝瘦肉汤

材　料

番茄300克、鲜猪肝100克、猪瘦肉80克。

调　料

姜、盐、料酒、胡椒粉、白糖、高汤、香菜段。

做法

1. 番茄、猪肝、猪瘦肉分别洗净，切片；姜洗净，切片备用。

2. 将猪肝、猪瘦肉汆去血水、去腥味。

3. 汤锅中倒入高汤，大火煮沸后，放入姜片、猪肝片、猪瘦肉片、料酒、番茄片，改小火煮约10分钟，再放盐、胡椒粉、白糖，最后撒香菜段即可。

# 三丝汤

## 🥣 材 料

猪肉、笋各25克，鸡肉、香菇丝各15克，熟火腿丝10克。

## 🥣 调 料

料酒、盐、味精、高汤。

## 做 法

1. 猪肉、鸡肉、笋洗净，切丝备用。

2. 炒锅置火上，加入高汤，倒入肉丝，放入笋丝、香菇丝，烧至略沸，加入料酒、盐、味精。

3. 把捞出的肉丝、笋丝、香菇丝装入碗中，然后把烧沸的汤浇在碗中，撒上熟火腿丝即可。

# 紫菜肉片汤

## 🥣 材 料

干紫菜15克、猪五花肉400克、红椒1个。

## 🥣 调 料

味精、葱丝、酱油、料酒、盐。

## 做 法

1. 干紫菜用水略泡，洗净，撕条；将猪五花肉洗净切片，加适量盐、料酒略腌渍，红椒去蒂、去子，洗净，切片。

2. 锅中放适量水煮沸后加入腌渍好的肉片、红椒片，再次煮沸，加入紫菜煮1分钟；起锅前加入味精、酱油调味，撒入葱丝即可。

# 猪腰山药汤

 **材 料**

鲜猪腰1对、山药100克、海带丝50克。

 **调 料**

盐、鸡精、香油、葱段。

**做 法**

1. 山药去皮，洗净，切片；猪腰洗净去臊味，切片；海带丝洗净备用。

2. 锅置火上，倒入适量清水，放入山药片、猪腰片、海带丝炖至熟烂。

3. 加盐、鸡精调味，淋入香油，撒上葱段即可。

*温馨小提示：此汤腰酸腰痛、遗精、盗汗者可多食；老年人肾虚耳聋、耳鸣者也适用。*

# 番茄萝卜牛腩汤

### 材 料

牛腩300克，胡萝卜、番茄、香菇各50克。

### 调 料

葱段、姜片、香叶、花椒、大料、盐、鸡精、冰糖、料酒。

### 做 法

**1.** 牛腩洗净切块放入沸水锅中氽一下；香菇泡发，与胡萝卜、番茄分别洗净，切片。

**2.** 煲锅倒入清水、牛腩块、胡萝卜块、香菇片、葱段、姜片、香叶、花椒、大料、料酒，大火煮沸后改小火煲2小时，加盐、番茄煲约10分钟，拣去香叶、大料，加冰糖、鸡精调味即可。

# 山药牛肚汤

### 材 料

牛肚300克，山药40克，芡实、薏米各30克，银杏仁（白果仁）20克，蜜枣15克。

### 调 料

盐、姜片、淀粉。

### 做 法

**1.** 牛肚用盐、淀粉搓洗干净，洗净，切片；将山药、芡实、薏米、银杏仁、蜜枣均洗净，山药去皮切片，薏米浸泡。

**2.** 将牛肚、山药、芡实、薏米、银杏仁、蜜枣、姜片放入汤锅内，置火上，加适量清水，大火煮沸后转小火煲2小时，加盐调味即可。

# 银耳香菇猪肘汤

 材 料

猪肘300克，胡萝卜100克，银耳、香菇各20克。

🥣 调 料

高汤、葱段、姜片、盐、鸡精。

做法

1. 猪肘洗净，剁成块后氽水；胡萝卜洗净，切成滚刀块；银耳和香菇泡发，去蒂，分成小朵。

2. 汤锅加高汤，放入猪肘块、葱段和姜片同煮，大火烧沸后转小火炖1小时。

3. 开锅撇去浮沫，倒入胡萝卜、银耳和香菇，继续炖30分钟，调入适量盐和鸡精，出锅即可。

# 黄花菜猪心汤

 材 料

黄花菜20克、猪心1/2个、油菜50克。

🥣 调 料

盐。

做法

1. 猪心洗净，入沸水中氽烫，捞出去血水，反复清洗干净；黄花菜去蒂，洗净，焯水；油菜洗净备用。

2. 将猪心放入锅中，加适量水，大火烧沸后转小火炖15分钟，取出切薄片。

3. 锅中加适量清水，加入黄花菜，水烧沸后将油菜、猪心片放入锅中煮片刻，加盐调味即可。

# 清炖牛筋汤

 材 料

牛蹄筋100克，火腿片、水发香菇各50克，当归、紫丹参各适量。

 调 料

食用碱、姜片、葱段、料酒、味精、盐。

做 法

1. 香菇去蒂洗净，切片；葱段、姜片、当归、紫丹参装入布袋中，制成料包。

2. 牛蹄筋用温水洗净，放锅内，加入清水及食用碱，加盖焖煮30分钟，捞出洗净，待牛蹄筋发涨后切成段状备用。

3. 煲锅中加入清水、料酒、牛蹄筋、香菇片、火腿片、料包，小火煲约3小时，拣出料包，加盐、味精调味即可。

# 牛蒡枸杞子骨头汤

 材 料

牛蒡100克、枸杞子10克、猪大骨500克、马蹄200克。

 调 料

料酒、醋、盐、味精、清汤。

做 法

1. 牛蒡洗净，切块；枸杞子洗净，用温水泡软；猪大骨洗净，斩成几块，余水过凉；马蹄洗净，去皮，切片。

2. 锅内倒入适量清汤，放骨头、牛蒡、料酒、醋，大火烧开，小火煮2小时，放马蹄、枸杞子，再煮30分钟，加盐、味精即可。

# 牛尾贞枣汤

 材料

牛尾500克、黑枣6颗、女贞子100克。

材料 调料

姜片、料酒、盐、香油。

做法

1. 将牛尾洗净，斩成小段，余水过凉；女贞子、黑枣去核洗净，用清水浸泡片刻备用。

2. 沙锅内倒入清汤，放入牛尾、女贞子、黑枣、姜片、料酒，大火烧开后转小火焖炖2小时后加盐、香油即可。

# 牛百叶萝卜汤

 材料

牛百叶300克、白萝卜500克、陈皮5克。

材料 调料

盐、味精、姜片、葱段、料酒。

做法

1. 牛百叶放清水中浸泡透，洗净，取出刮去黑衣；白萝卜去皮，洗净，切块；陈皮洗净备用。

2. 牛百叶入沸水锅中稍余，捞出切丝。

3. 煲锅中倒入适量水，放入陈皮、牛百叶丝、白萝卜块、姜片、葱段、料酒，大火煮沸后改小火煲约2小时。

4. 加盐、味精调味即可。

# 牛肉蔬菜汤

## 材料

牛肉200克，土豆块、番茄块、芹菜段、洋葱片各20克。

## 调料

高汤、料酒、姜块、花椒水、白糖、番茄酱、盐。

## 做法

1. 牛肉洗净，切块后汆水；锅加高汤，放入牛肉块、料酒、姜块、花椒水和白糖煮沸，转小火炖至牛肉熟透。

2. 加入土豆块、番茄块、芹菜段、洋葱片和番茄酱同煮至蔬菜熟烂，调入盐即可。

# 酸辣牛肚汤

## 材料

牛肚1300克、虾米30克。

## 调料

醋、盐、料酒、胡椒粉、花椒油、食用油、水淀粉、葱丝、姜丝、香菜、清汤。

## 做法

1. 将牛肚洗净，切丝，沸水煮熟后捞出；香菜择洗干净，切段。

2. 食用油锅烧热，用葱丝、姜丝炝锅，倒入醋，待出香味时加入清汤、虾米、盐、料酒、胡椒粉，煮5分钟。

3. 加入牛肚丝，水淀粉勾芡，撒上香菜段，淋上花椒油即可。

# 牛百叶白菜汤

 **材 料**

牛百叶、白菜各300克，猪瘦肉100克，蜜枣6颗。

**调 料**

姜块、料酒、盐、鸡精、食用油、清汤、香油。

**做 法**

1. 牛百叶洗净，放入沸水中浸泡3分钟后捞出，刮去黑衣，去除杂物，沥干，切成片。

2. 猪瘦肉切片加料酒、盐略腌渍；将白菜梗、叶分开，菜梗切成3厘米长条，菜叶切成大片备用。

3. 锅内倒食用油烧至六成热，放入白菜叶煸炒片刻备用。

4. 沙锅内放入清汤，大火烧沸后放入白菜梗、蜜枣、姜块，小火焖煮30分钟，放入白菜叶炖20分钟，放入猪肉片、牛百叶，大火烧沸，加盐、鸡精、香油调味即可。

# 当归羊肉汤

🥣 **材 料**

羊肉150克、当归10克、香菇20克、枸杞子适量。

🥣 **调 料**

葱段、姜片、料酒、盐。

**(做) (法)**

1. 羊肉洗净切块，余水后捞出；当归洗净；香菇泡发，去蒂，切片；枸杞子洗净。

2. 沙锅置火上，放入羊肉块、当归片、香菇片、枸杞子，倒入适量水、料酒、姜片、葱段，先用大火烧沸，再用小火炖煮至熟，加盐调味即可。

# 滋补羊肉汤

🥣 **材 料**

羊肉500克，红枣3颗，枸杞子、党参各10克。

🥣 **调 料**

姜、料酒、盐。

**(做) (法)**

1. 羊肉洗净，剁成块；党参洗净，切段；红枣、枸杞子洗净；姜洗净，切片。

2. 锅内加水，待水煮沸时放入羊肉块，余去血水，捞出用清水冲洗干净备用。

3. 煲锅内放入适量清水煮沸，放入羊肉块、姜片、党参段、红枣、枸杞子、料酒，小火煲2小时，加盐调味即可。

# 羊肉益智汤

🥣 材 料

羊肉300克、益智仁10克、山药块40克、胡萝卜片适量。

🥣 调 料

姜片、盐、料酒。

做 法

1. 羊肉洗净，切块，汆烫，捞出；益智仁洗净，装入纱布袋。

2. 沙锅置火上，加入适量水，放入羊肉块、益智仁药包、姜片、料酒煮沸，改小火煮1小时，放入山药块、胡萝卜片煮熟，加盐调味，捞出益智仁药包即可。

# 胡辣全羊汤

 材 料

胡椒50克，干红辣椒10个，羊肋肉300克，羊心、羊肝、羊肾、羊肚各100克。

🥣 调 料

葱段、姜片、料酒、盐、清汤。

做 法

1. 将羊肋肉、羊心、羊肝、羊肾、羊肚洗净汆水，晾凉后切成厚片。

2. 沙锅内倒入清汤，放入羊肉、羊心、羊肝、羊肾、羊肚、胡椒、干红辣椒，加葱段、姜片、料酒，大火烧沸后转小火煮1小时，放入盐调味即可。

# 禽蛋靓汤——
## 内补五脏、外养肤发，健康显年轻

禽蛋类食物以滋补见长，用于煲汤有温补脾胃、益气养血、益五脏、补虚损、强筋骨的功效。鸡、鸭、鹅肉煲汤时用小火慢熬为好，鸽肉、鹌鹑肉适合加高汤煲煮。禽蛋类汤所含鲜味较浓，煲汤时无须加入太多调料，以免影响食材本身的味道。

## 双耳鸡翅煲

### 材料

鸡翅250克，黑木耳、银耳、金针菇各50克，红枣5颗，鸡蛋清适量。

### 调料

盐、料酒、淀粉、食用油、葱丝、姜丝、高汤、胡椒粉。

### 做法

1. 鸡翅洗净，用盐、料酒、鸡蛋清、淀粉抓匀；银耳、黑木耳用温水泡发，去蒂，撕成朵；金针菇洗净。

2. 炒锅加食用油烧热，爆炒葱丝、姜丝后倒入鸡翅翻炒，至鸡翅变色。

3. 倒入高汤，加红枣、黑木耳、银耳和金针菇煮沸，转小火炖至鸡翅熟透，加盐和胡椒粉调味即可。

## 香菇鸡汤

### 材料

香菇40克、鸡肉300克。

### 调料

料酒、葱花、姜片、盐。

### 做法

1. 香菇用清水泡发，洗净，去蒂，切成块；鸡肉洗净，剁成块，与葱花、姜片一起放入沙锅中，加适量清水大火煮沸，转小火煮2小时，取汤，分成几份放入碗中。

2. 将香菇分成几份，分别放入盛有鸡汤的碗中，加入料酒和盐，用玻璃纸封口，入笼蒸1小时即可。

# 草菇鸡蛋汤

 材 料

鲜草菇150克、鸡蛋2个、油菜叶30克。

材 料 调 料

盐、清汤。

做 法

1. 将草菇的根蒂择去，用水洗净，放入沸水锅中焯一下捞出。

2. 将鸡蛋磕入碗中，搅匀；油菜叶洗净。

3. 锅中倒入清汤，放入草菇烧沸，放入油菜叶，再次煮沸时，将鸡蛋液均匀地淋入锅中，稍煮，加盐调味即可。

# 鸡蓉玉米羹

 材 料

玉米罐头1/2盒、鸡蛋2个。

材 料 调 料

水淀粉、白糖。

做 法

1. 玉米罐头打开，捞出玉米粒；鸡蛋磕入碗中，搅打均匀。

2. 锅中倒入适量水，放入玉米粒煮熟，加入白糖煮沸，用水淀粉勾芡，随即淋入打散的鸡蛋液，再次煮沸即可。

# 山药胡萝卜鸡汤

 材 料

鸡翅、山药各300克，胡萝卜80克。

 调 料

葱花、盐、料酒。

做 法

1. 将鸡翅刮洗干净，剁成3厘米长的段，放入沸水锅中煮透，捞出用清水冲去血沫备用。

2. 将山药、胡萝卜分别去皮，洗净，切块备用。

3. 沙锅中加水大火烧沸，下入鸡翅、山药、胡萝卜烧沸后，加料酒，再转小火煮1小时，下入盐调味，撒葱花点缀即可。

# 红枣木耳羊肉汤

 材 料

羊肉300克，红枣10颗，黑木耳、桂圆肉各50克。

 调 料

姜片、盐、葱花。

做 法

1. 羊肉洗净，切小块，入沸水锅中余透，捞出洗净。

2. 黑木耳用清水泡发，洗净；红枣洗净，去核。

3. 沙锅内加清水烧沸，放入羊肉、黑木耳、桂圆肉、红枣、姜片、葱花，中火炖3小时至羊肉熟烂，加少许盐调味即可。

# 乌鸡玉兰汤

 材 料

乌鸡1只，玉兰片200克，枸杞子10克，红枣、桂圆肉各15克。

🥣 调 料

姜片、料酒、盐、胡椒粉、清汤。

(做法)

1. 将乌鸡处理干净，斩成大块，入沸水锅中汆烫，去血水，过凉。

2. 玉兰片洗净，切成大片；枸杞子、红枣洗净，用温水泡软备用。

3. 锅内倒清汤，放入所有食材，再放入姜片、料酒，大火烧沸后改小火煲2小时，再加入适量盐、胡椒粉调味即可。

# 银杞鸡肝汤

🥣 材 料

银耳、枸杞子各20克，鸡肝200克。

🥣 调 料

高汤、姜片、葱末、料酒、水淀粉、生抽、盐、鸡精、白胡椒粉、香油。

(做法)

1. 鸡肝洗净，去筋后切成小块，加料酒、水淀粉、生抽抓匀腌渍；银耳洗净，泡发；枸杞子洗净备用。

2. 沙锅内倒入高汤，放入银耳、枸杞子、姜片，大火烧沸后改小火焖煮10分钟，下入鸡肝煮熟后，加入盐、鸡精和白胡椒粉调味，淋上香油、葱末即可。

# 香菇鸡翅汤

🥣 材 料

鸡翅尖300克、水发香菇100克、冬笋50克、油菜适量。

🥣 调 料

料酒、葱段、姜片、盐、味精、食用油。

做 法

1. 鸡翅尖洗净，剞刀；香菇洗净，去蒂；冬笋洗净，切片；油菜洗净备用。

2. 锅中加水烧沸，加入料酒，放入翅尖余水，去血沫，盛出。

3. 锅内加食用油烧热，爆香葱段、姜片，放香菇、冬笋片略炒，加入鸡翅尖炒出香味后加水烧沸，煮至鸡翅尖熟，放入油菜、盐、味精，搅匀即可。

# 香菇西芹鸡丝汤

🥣 材 料

香菇50克、鸡脯肉200克、西芹100克。

🥣 调 料

盐、料酒、淀粉、鸡精、高汤。

做 法

1. 鸡脯肉洗净，用盐、料酒、淀粉和鸡精拌匀后蒸熟，撕成细丝；西芹洗净，斜刀切成丝；香菇泡发，去蒂后切成丝。

2. 汤锅加高汤，倒入香菇煮沸，然后放入鸡丝、西芹丝同煮10分钟左右。

3. 开锅后调入适量盐和鸡精即可。

# 芪归炖鸡汤

 材 料

小母鸡1只、黄芪50克、当归10克。

 调 料

盐、胡椒粉。

做法

1. 小母鸡宰杀，去毛及内脏，剁去鸡爪及嘴壳，用清水洗净。

2. 黄芪去粗皮、洗净；当归洗净备用。

3. 沙锅洗净，放入清水，放入全鸡，烧沸后加黄芪、当归、胡椒粉，小火炖2小时，加盐炖2分钟即可。

温馨小提示：在鸡中加黄芪，以增强补气之效，而加当归则可促进生血。

# 清炖双冬鸡腿

## 🍚 材 料

鲜鸡腿200克、冬瓜100克、香菇(冬菇)50克。

## 🍚 调 料

食用油、葱丝、高汤、花椒水、姜片、盐、鸡精。

## 做 法

**1.** 鸡腿洗净，剁块后氽水；冬瓜洗净，去皮及子后切成块；香菇泡发、去蒂，切成两半。

**2.** 食用油锅爆香姜片后倒入鸡腿翻炒至变色，添加高汤，倒入花椒水和香菇，炖20分钟，倒入冬瓜继续煮10分钟，调入盐和鸡精，撒上葱丝即可。

# 人参鸡块汤

## 🍚 材 料

人参3克、嫩母鸡1只、芋头300克。

## 🍚 调 料

葱段、姜块、料酒、盐、味精、食用油、清汤。

## 做 法

**1.** 将鸡处理干净，斩大块氽水过凉；芋头洗净，去皮，切块；人参洗净。

**2.** 锅内放食用油，烧至六成热，放葱段、姜块煸香，烹入料酒，倒入清汤，放鸡块、人参，大火烧沸，小火慢炖1.5小时，加芋块、盐，继续炖30分钟，加味精调味即可。

# 姜母老鸭汤

## 🥣 材 料

老鸭1只，老姜母200克，黄芪、枸杞子各15克。

## 🥣 调 料

葱段、桂皮、料酒、盐、食用油、清汤。

### 做 法

1. 将老鸭洗净，斩成块；老姜母洗净，用刀背拍松；食用油锅烧热，放入鸭块翻炒至变色后盛出，将油沥净。

2. 锅内倒入清汤，放入黄芪、枸杞子、鸭肉、老姜母、葱段、桂皮、料酒，大火烧沸后改小火煲2小时，再加入盐即可。

# 虫草全鸭汤

## 🥣 材 料

嫩冬虫夏草10克、鸭子1只。

## 🥣 调 料

清汤、料酒、胡椒粉、盐、味精、葱白段、姜片。

### 做 法

1. 将鸭处理干净，放入沸水中煮片刻，捞出；冬虫夏草用温水洗净。

2. 将鸭头顺颈劈开，取部分冬虫夏草填入，再用棉线缠紧，余下的冬虫夏草和姜片、葱白段一起装入鸭腹内，放入汤碗中，加入清汤，用盐、味精、胡椒粉、料酒调味，上笼蒸2小时即可。

# 鸭血木耳汤

🥢 材 料

鸭血200克、黑木耳25克。

🥢 调 料

姜末、香菜、盐、胡椒粉、香油、水淀粉、味精。

（做）（法）

1. 将鸭血清洗干净，切成3厘米见方的块；黑木耳用温水泡发，洗净，用手撕成小片；香菜择洗干净，切小段备用。

2. 锅置火上，放入适量清水，加盐烧沸，放入鸭血、黑木耳、姜末，烧沸后转中火煮10分钟，加香油搅匀，用水淀粉勾芡，撒上胡椒粉、香菜段、味精即可。

# 萝卜老鸭汤

🥢 材 料

老鸭1/2只、萝卜500克。

🥢 调 料

姜块、料酒、盐、鸡精、清汤。

（做）（法）

1. 老鸭洗净，去杂毛，斩成大块，放入沸水中氽片刻，捞出，洗去血沫，沥水。

2. 萝卜洗净，去根须，切成滚刀块；姜块洗净，用刀拍松。

3. 沙锅内放入适量清汤，放入鸭块、姜块、料酒，大火烧沸后改小火煮1小时，放入萝卜块，继续煮30分钟，放入盐和鸡精即可。

# 紫菜鸡蛋汤

 **材 料**

鸡蛋2个，紫菜、青菜各适量。

 **调 料**

盐、香油、高汤。

**做法**

1. 紫菜用凉水泡开，洗去细沙粒，沥水；青菜洗净，切成丝；鸡蛋磕入碗中，搅打成蛋液。

2. 汤锅中倒入适量高汤、紫菜，加盖，用大火煮5分钟，再加鸡蛋液、盐，煮至蛋花漂起，最后放入青菜丝烫熟，淋入香油即可。

# 首乌鸡蛋汤

 **材 料**

何首乌80克、鸡蛋150克。

 **调 料**

白糖。

**做法**

1. 何首乌洗净。

2. 鸡蛋煮熟去壳放入沙锅内。

3. 沙锅内再加适量水，放入何首乌，大火煮沸，改小火煲1小时，捞出何首乌，加白糖拌匀即可。

# 紫菜鸡丝汤

 **材 料**

鸡脯肉100克，紫菜、油菜心各适量。

 **调 料**

姜丝、盐、料酒、香油、味精。

**做 法**

**1.** 鸡脯肉洗净，切丝；油菜心洗净，掰开；紫菜撕成丝。

**2.** 锅中倒入适量清水烧沸，放入鸡丝、姜丝、料酒、盐，煮沸后关火，放入紫菜、油菜心，加香油、味精调味即可。

# 酸菜鸭肉汤

 **材 料**

鸭脯肉200克、酸菜150克。

 **调 料**

盐、味精、料酒、姜丝、葱丝。

**做 法**

**1.** 将鸭脯肉洗净，切片，用沸水汆烫；酸菜切丝备用。

**2.** 锅置火上，放入适量清水，放入鸭肉、料酒、姜丝煮沸。

**3.** 再放入酸菜，转小火炖约30分钟，放入盐、味精，撒上葱丝，关火出锅即可。

# 米酒银耳炖鸽汤

🥄 材 料

银耳5克、乳鸽1只、枸杞子适量。

🥄 调 料

姜、清汤、盐、米酒。

做法

1. 银耳用清水泡发，洗净撕成小朵；乳鸽宰杀洗净；姜洗净，切片。

2. 锅置火上，倒入清汤，放入乳鸽、枸杞子、姜片、银耳，煮沸后改用小火炖40分钟。

3. 加米酒、盐煮沸即可。

# 枸杞乳鸽汤

🥄 材 料

乳鸽3只、枸杞子25克。

🥄 调 料

盐、料酒、胡椒粉、香油、葱段、姜片。

做法

1. 乳鸽去净毛及内脏，洗净后每只剁成4～6块；枸杞子放入碗中，加温水泡30分钟，待枸杞子软后沥水。

2. 锅中放入沸水，将乳鸽块放入汆去血沫；再将乳鸽块、枸杞子、料酒、葱段、姜片一起放入大碗内加入适量水，上笼蒸2小时，将胡椒粉、盐加入汤中，淋上香油即可。

# 银耳鸽蛋汤

材 料

银耳200克、鸽蛋8个。

调 料

冰糖。

(做)法

1. 将银耳用清水泡软，择去老根，除去杂质，反复揉洗后沥干；鸽蛋洗净，煮熟，剥壳，逐个切成两半备用。

2. 沙锅内倒入适量清水，放入银耳小火慢煲3小时，加冰糖继续煨煮20分钟，放入鸽蛋再煮3分钟即可。

温馨小提示：鸽蛋可补血益气、解痘毒；银耳滋阴降火，富含维生素。常喝此汤可以滋润皮肤，让皮肤更细腻、光滑。

# 菠菜鸽片汤

材 料

菠菜50克、鸽肉100克、鸡蛋（取蛋清）1个。

调 料

盐、味精、淀粉、水淀粉。

(做)法

1. 将菠菜择洗干净，切长段；鸽肉洗净，切成片，放入碗中，打入鸡蛋清，放盐、淀粉搅匀上浆备用。

2. 锅置火上，放入适量清水烧沸，下入鸽片，煮其变白，放入菠菜、盐、味精搅匀，用水淀粉勾芡即可。

# 水产靓汤——
## 补钙壮筋骨，强身不长胖

　　水产品煲汤不仅鲜香味美，而且营养丰富。其煲汤的关键环节是入汤材料的选购、清洗与去腥。最好选用鲜活的原料，以保证汤品的鲜味。清洗时不宜加盐，注意去除肠、鳃、胃、泥沙等杂质，以免影响汤品的口感和色泽。烹制海鲜时加醋，不仅能够去腥，还能提鲜。

## 鲈鱼浓汤

### 材料

鲈鱼1条，山药、油菜各50克。

### 调料

姜末、盐、胡椒粉、白糖、高汤、淀粉、水淀粉。

### 做法

1. 山药去皮，洗净，切片；油菜洗净，对半切开；鲈鱼处理干净后，去头去骨，鱼肉切成片，加入白糖、淀粉、姜末拌匀腌渍片刻。

2. 锅中倒入高汤，大火煮沸，放入鱼肉片、山药片、油菜，大火煮沸后改小火煮约30分钟至汤浓。

3. 加盐、胡椒粉调味，再用水淀粉勾薄芡即可。

# 皮蛋鱼片汤

材 料

黑鱼肉100克、皮蛋1个。

调 料

食用油、盐、姜丝、料酒、葱花。

做 法

1. 黑鱼肉洗净，切成片；皮蛋去壳，上锅蒸5分钟，取出晾凉，切块。

2. 锅中倒食用油烧至五成热，放入黑鱼片，两面煎黄，盛出沥油。

3. 锅中加入适量清水烧沸，下入皮蛋块、姜丝，中火煮约8分钟，再放入鱼片、料酒稍煮，加入盐调味，撒上少许葱花即可。

# 草鱼萝卜汤

材 料

草鱼1条、白萝卜400克。

调 料

葱花、姜片、料酒、盐、鸡精、胡椒粉、食用油。

做 法

1. 将草鱼宰杀，洗净，打花刀；白萝卜去皮，洗净，切片。

2. 锅内倒食用油烧热，将草鱼下锅稍煎，加入料酒、适量清水、姜片、萝卜片，大火煮沸后改用小火煮至汤白鱼熟。

3. 加少许盐、鸡精、胡椒粉调味，撒上葱花即可。

# 赤豆鲤鱼汤

 材 料

**鲤鱼**500克、**赤豆**60克。

 调 料

食用油、葱、姜、盐、料酒、味精。

做 法

1. 赤豆拣去杂质，洗净，用水浸泡4小时左右。

2. 葱洗净，切段；姜洗净，切片。

3. 鲤鱼去鳞，除去内脏，洗净，加入适量盐、料酒，腌渍入味后入食用油锅稍煎两面。

4. 将煎好的鲤鱼、姜片、葱段、赤豆、盐，一起放入沙锅内，加入适量水，大火烧沸后再转小火炖熬至熟，加味精即可。

111

# 冬瓜鲫鱼汤

材 料

鲫鱼1条、冬瓜100克。

材 料调 料

葱丝、姜丝、盐、食用油。

做 法

1. 鲫鱼处理干净后沥干水分；冬瓜去皮，洗净，切片。

2. 锅置火上，倒入食用油烧至五成热，下入鲫鱼两面略煎，放入煲锅中。

3. 煲锅中倒入适量清水，放入姜丝，大火煮沸后改小火煲约30分钟，加入冬瓜块煮至熟烂，加少许盐调味，再放入葱丝即可。

# 菊花鱼片汤

材 料

菊花100克、草鱼肉300克、水发香菇50克。

调 料

姜片、葱段、料酒、盐、清汤、味精。

做 法

1. 将菊花逐瓣摘下，用清水浸泡洗净，沥干水分；草鱼肉洗净，切成3厘米见方的鱼片；水发香菇洗净，切丝。

2. 锅置火上，倒入清汤，大火煮沸，加入姜片、葱段、鱼肉片、香菇丝、料酒，大火煮沸后改小火煮30分钟。

3. 加盐、味精调味，撒上菊花瓣即可。

# 三丝银鱼羹

 **材 料**

银鱼300克、鲜香菇丝100克、荠菜段150克、胡萝卜丝50克。

**调 料**

盐、料酒、味精、胡椒粉、水淀粉、食用油。

**做 法**

1. 银鱼洗净，沥干，加入料酒、盐、味精、胡椒粉拌匀；锅中倒入清水、料酒煮沸后投入银鱼氽熟。

2. 食用油锅烧至五成热，放入胡萝卜丝、香菇丝翻炒3分钟，倒入料酒、清水、盐、味精炖5分钟，将银鱼、荠菜段加入汤中拌匀，用水淀粉勾芡即可。

# 薏米莲子鲫鱼汤

 **材 料**

鲫鱼1条、薏米50克、莲子10克。

**调 料**

食用油、葱段、姜丝、盐、料酒、胡椒粉。

**做 法**

1. 鲫鱼宰杀洗净；莲子去心洗净；薏米洗净用水泡3小时。

2. 锅置火上，倒食用油烧热，放入鲫鱼稍煎，出锅备用。

3. 煲锅置火上，倒入适量清水煮沸，放鲫鱼、薏米、莲子、葱段、姜丝、料酒，大火煮沸后改用小火煲50分钟。

4. 加盐、胡椒粉调味即可。

# 家常鲜蟹汤

## 材料

鲜蟹1只，猪五花肉、酸菜各150克，牡蛎、粉丝、鲜贝各50克，小油菜1棵。

## 调料

高汤、姜丝、盐、鸡精、香油、食用油。

## 做法

1. 鲜蟹洗净，切成四块；猪五花肉洗净，煮熟捞出，切大片；酸菜洗净，切丝；鲜贝、牡蛎、蟹块、油菜各氽水备用。

2. 食用油锅烧热，放入姜丝、酸菜丝煸香，放入高汤、蟹块、猪五花肉、酸菜丝、鲜贝、牡蛎、粉丝烧10分钟，加盐、鸡精、小油菜，淋香油即可。

# 甲鱼补肾汤

## 材料

甲鱼300克、枸杞子10克、熟地黄15克。

## 调料

盐。

## 做法

1. 甲鱼宰杀后，去头、爪、内脏，洗净，抹少许盐稍腌渍去腥味。

2. 甲鱼放入大煲锅内，加枸杞子、熟地黄，加适量水，用大火烧沸后，转小火炖熬至甲鱼肉熟透即可。

# 三丝虾仁汤

 材 料

虾仁300克，鸡脯肉100克，鸡蛋（取蛋清）1个，冬笋、熟火腿各50克。

 调 料

胡椒粉、酱油、盐、淀粉、高汤、葱花。

**做 法**

1. 虾仁去沙线洗净，加一半蛋清、淀粉抓匀上浆；冬笋去老皮，洗净切细丝，焯熟；鸡脯肉洗净，切细丝，加剩余蛋清、酱油抓匀，腌渍片刻；熟火腿切细丝。

2. 汤锅中倒入高汤，大火煮沸后加入虾仁、鸡脯肉丝、冬笋丝、火腿丝，煮约10分钟，加盐、胡椒粉调味，撒葱花即可。

# 虾球银耳汤

 材 料

虾肉200克、银耳3朵。

 调 料

料酒、淀粉、盐、味精、清汤。

**做 法**

1. 将银耳洗净，用温水泡发备用。

2. 将虾肉洗净，剁成蓉，放在碗中，加料酒、淀粉、盐、味精、清汤少许，顺着一个方向搅匀上劲，制成丸子，放入凉水锅中，煮至八成熟捞出备用。

3. 沙锅内放入适量清汤，放入银耳，大火烧沸后改小火煮20分钟，再放入虾丸，开锅后加盐、味精调味即可。

# 大虾萝卜汤

### 材料

大虾6只、白萝卜400克。

### 调料

食用油、葱花、高汤、盐、鸡精。

### 做法

1. 大虾洗净，挑去沙线后用沸水略汆；白萝卜洗净去皮，切成丝焯水备用。
2. 锅内倒食用油烧至六成热，下入葱花煸香，倒入高汤，放入大虾、萝卜丝大火煮3分钟后，放入适量盐和鸡精即可。

# 虾丸马蹄汤

### 材料

虾400克，猪肥肉、马蹄、鸡蛋清各100克。

### 调料

盐、味精、胡椒粉、食用油、香菜末。

### 做法

1. 虾洗净，除沙线，剁成泥；猪肥肉洗净，切丁；马蹄洗净，去皮，切碎。
2. 将虾泥、猪肥肉丁、马蹄碎混合加鸡蛋清、味精和盐顺时针搅成泥。
3. 食用油锅烧热，将肉泥挤成丸子下油锅炸至丸子漂起捞出；另起锅，置大火上，加入清水烧沸，虾丸略煮撇去浮油，加盐、味精、胡椒粉调味，撒香菜末即可。

# 腐竹海鲜汤

🥣 材 料

水发腐竹200克，大虾肉、鲜鱿鱼、水发海参、鲜贝各150克。

🥣 调 料

盐、味精、料酒、胡椒粉、香油、香菜叶、清汤。

(做)法

1. 腐竹洗净，切段；大虾肉、水发海参、鲜鱿鱼洗净切片；鲜贝洗净。上述材料一同入沸水中烫熟，盛入碗中，加少许盐、味精腌渍备用。

2. 炒锅置大火上，加入清汤、腐竹、盐、味精、料酒、胡椒粉和烫海鲜的原汁，烧沸后撇去浮沫，改用小火炖10分钟左右，起锅倒入盛海鲜的碗中，淋入香油，撒上香菜叶即可。

# 三鲜鱿鱼汤

## 🥣 材 料

水发鱿鱼200克，油菜心100克，猪里脊肉、鲜笋各50克。

## 🥣 调 料

盐、味精、料酒、胡椒粉、葱末、姜末、食用油。

## 做法

1. 水发鱿鱼、猪里脊肉洗净，切片；鲜笋去皮，洗净，切片；油菜心洗净。

2. 食用油锅烧热，下葱末、姜末煸香，加水煮沸，放入鱿鱼片、笋片、猪里脊肉片，加料酒、盐烧煮至熟，撇去浮沫，加油菜心、味精、胡椒粉调味即可。

# 酸辣鱿鱼汤

## 🥣 材 料

鱿鱼150克，猪里脊肉50克，冬笋、香菇各20克。

## 🥣 调 料

食用油、盐、葱花、姜丝、料酒、白胡椒粉、醋。

## 做法

1. 将鱿鱼、猪里脊肉、冬笋分别洗净，切丝；香菇洗净，泡发，切丝。

2. 将鱿鱼丝放入沸水中余熟捞出备用。

3. 食用油锅烧热，放入猪里脊丝、冬笋丝、香菇丝翻炒，至肉丝变白，加入鱿鱼丝和调料，加入适量水炖5分钟即可。

# 干贝小白菜汤

 材 料

小白菜300克、干贝30克、火腿50克。

 调 料

清汤、葱段、姜片、料酒、盐、鸡精、胡椒粉、食用油。

（做）（法）

1. 小白菜洗净，用沸水焯一下，过凉沥干；干贝洗净；火腿切片备用。

2. 食用油锅烧热，放入葱段、姜片煸出香味，放入干贝、火腿，烹入料酒煸炒片刻，倒入清汤，大火烧沸，放入小白菜，小火煮5分钟，加入适量盐、鸡精、胡椒粉即可。

# 文蛤豆腐汤

 材 料

文蛤400克、豆腐200克、油菜50克。

 调 料

姜丝、盐、味精、胡椒粉、清汤。

（做）（法）

1. 文蛤入清水中泡洗干净；豆腐洗净，入沸水锅中焯水，捞出待晾凉后切厚片；油菜入清水中浸泡20分钟，捞出洗净。

2. 锅中放入清汤，大火煮沸，放入豆腐片、文蛤、姜丝，煮沸后改小火继续熬30分钟。

3. 放入油菜稍煮，加入盐、味精、胡椒粉调味即可。

# 香菇板栗海蜇汤

 材 料

鲜香菇50克、板栗100克、海蜇皮200克。

 调 料

高汤、盐。

 做 法

1. 板栗去壳及内皮，洗净；鲜香菇去蒂洗净；海蜇皮冲洗干净，切成块状。

2. 锅置火上，倒入适量清水煮沸，放入海蜇皮汆烫后捞起，迅速泡入凉水中捞起。

3. 煲锅中倒入高汤煮沸，放入海蜇皮、香菇、板栗，以小火煲约2小时，加入盐调味即可。

# 酸菜泥鳅汤

 材 料

泥鳅400克，酸菜100克，鸡蛋、红椒各1个，香菜段适量。

 调 料

味精、盐、食用油、姜片。

 做 法

1. 泥鳅宰杀处理净，切段；酸菜洗净，切丝；红椒去蒂、去子，洗净，切丝。

2. 姜片、红椒丝入热食用油锅中爆香，倒入适量清水大火煮沸，放入酸菜丝煮至出酸味，加入泥鳅段煮约5分钟至泥鳅熟，改小火，淋入鸡蛋液，加入盐、味精调味，撒上香菜段即可。

# 田螺汤

 材 料

金针菇50克、田螺肉1罐、豆腐 300克。

🥢 调 料

香葱、胡椒粉、盐。

做 法

1. 金针菇切除根部后洗净，先用盐水焯烫，然后捞出；豆腐洗净，切成条状；香葱洗净，切段。

2. 锅内加水烧沸，倒入半罐田螺肉汁汤，并放入田螺肉和豆腐同煮。

3. 加入金针菇、盐，煮沸后放入香葱，最后撒上胡椒粉即可。

# 黄鳝鸡丝汤

🥢 材 料

黄鳝100克、鸡脯肉80克、面筋50克。

🥢 调 料

盐、味精、胡椒粉、水淀粉、鸡汤、姜丝。

做 法

1. 黄鳝宰杀去内脏，洗净，切段；鸡脯肉洗净，切丝；面筋浸泡后切块。

2. 锅中放入鸡汤，放入黄鳝段、鸡脯肉丝、面筋块、姜丝，大火煮沸，改小火煮约20分钟，加盐、味精调味，用水淀粉勾芡，撒上胡椒粉即可。

# 菇菌靓汤——
## 营养100分，给胃肠更多关怀

菇菌类的营养特点是高蛋白、无胆固醇、低脂肪、低糖、多膳食纤维、多氨基酸、多维生素、多矿物质，集中了食物的众多良好特性。豆类及其制品是优质蛋白质和卵磷脂的良好来源，能增强机体免疫力。菌类和豆类食物用于煲汤，能帮助人体胃肠更好地吸收营养，可强壮身体。

## 黄豆排骨蔬菜汤

 材 料

黄豆、西蓝花各50克，猪排骨200克，香菇4朵。

材 料 调 料

盐、味精、姜片。

做 法

1. 黄豆洗净泡涨；猪排骨洗净，剁成段，入沸水中氽去血水；香菇用温水泡发去蒂，洗净切两半；西蓝花洗净，掰成小朵。

2. 煲锅中倒入适量清水，放入黄豆、猪排骨、姜片大火煮沸，加入香菇转小火煲约2小时至黄豆、排骨熟烂，放入西蓝花煮约8分钟，加盐、味精调味即可。

## 菌菇豆腐汤

 材 料

嫩豆腐200克，蟹味菇、平菇各50克。

材 料 调 料

葱花、香油、盐、鸡精、食用油。

做 法

1. 将嫩豆腐洗净，在沸水中焯烫片刻，然后取出晾凉，切成薄片；蟹味菇、平菇洗净，把平菇用手撕成细条。

2. 炒锅倒食用油烧至六成热，下葱花爆香，加入蟹味菇、平菇翻炒几下，然后倒入适量清水，烧沸后下入豆腐片，撒少许盐，放入鸡精调味，再撒上葱花，淋上香油即可。

# 蚕豆雪菜汤

🥄 材 料

蚕豆250克、雪菜100克、胡萝卜1根、香菇5朵。

🥄 调 料

盐、味精、鸡汤。

做法

1. 雪菜洗净，切段；胡萝卜洗净，切方块；香菇用清水浸软，切粗粒；蚕豆洗净。

2. 锅中倒入鸡汤煮沸，放入雪菜、胡萝卜、香菇、蚕豆，煮沸后改小火煲1小时，加盐、味精调味即可。

# 香菇冬瓜汤

🥄 材 料

冬瓜400克、干香菇50克。

🥄 调 料

高汤、盐、味精、葱末、食用油。

做法

1. 冬瓜去皮及瓤，清洗干净，切块；干香菇用水泡发，洗净，去蒂，切小块。

2. 汤锅置大火上，放食用油烧热，加入葱末、香菇块炝出香味后，倒入高汤煮沸，加入冬瓜煮至熟。

3. 加盐、味精调味即可。

# 蘑菇瘦肉汤

## 材 料

鲜蘑菇、猪瘦肉各100克。

## 调 料

香菜段、盐、料酒、食用油、鲜汤、葱段、姜丝。

## 做 法

1. 将猪瘦肉、鲜蘑菇分别洗净切成片。

2. 锅置火上，放食用油烧热，放入肉片煸炒至断生后放入葱段、姜丝、料酒和鲜汤，煮至汤浓味鲜、肉片较酥烂后捞出葱段、姜丝。

3. 加入鲜蘑菇继续煮，待肉片和蘑菇酥烂，加入盐调味，撒上香菜段即可。

# 奶油蘑菇浓汤

## 材 料

牛奶500克、口蘑50克、火腿末40克、面包1片。

## 调 料

盐、奶油、鸡精、食用油、面粉。

## 做 法

1. 口蘑洗净，切片；面包片切丁备用。

2. 食用油锅烧至三成热，下入面粉翻炒至出香味，加适量清水调成糊。

3. 另取锅烧热，放入奶油化开，倒入牛奶，加入口蘑片、火腿末、面包丁、调好的面粉糊，小火煮至口蘑熟，加盐、鸡精调味即可。

# 银耳香菇汤

## 🥣 材 料

香菇50克，银耳、杏仁各20克，红枣
适量。

## 🥣 调 料

姜片、盐。

### 做 法

1. 将香菇洗净，去蒂，与银耳分别用水
泡发；香菇切片，银耳撕成小朵备用。

2. 红枣洗净，去核；杏仁洗净备用。

3. 锅置火上，放入适量清水，大火烧
沸，放入香菇、银耳、杏仁、红枣、姜
片，转中火焖煮30分钟，加盐调味即可。

# 什锦鲜菇汤

## 🥣 材 料

香菇、芦笋、金针菇各100克，粉丝50
克，熟扇贝丝20克。

## 🥣 调 料

食用油、姜末、蒜蓉、盐、清汤。

### 做 法

1. 将香菇、芦笋洗净，焯水过凉；金针菇
去根，洗净，焯水过凉；粉丝剪短，用温
水泡软备用。

2. 食用油锅烧热，放入姜末、蒜蓉煸
香，倒入清汤大火烧沸，放入粉丝；大火
烧沸后放芦笋、香菇、金针菇，开锅后放
入扇贝丝略煮片刻，加盐调味即可。

# 木须肝片汤

材 料

羊肝200克，水发黑木耳100克，水发黄花菜50克，熟地黄、枸杞子各10克，白芍8克，当归、炒酸枣仁各6克。

材 料调 料

高汤、淀粉、料酒、酱油、盐、味精、胡椒粉。

做法

1. 将几味中药洗净放入沙锅煎熬成汁，去沉淀澄清；羊肝洗净，切成薄片，放入碗中，用淀粉、料酒、酱油抓匀上浆；黄花菜洗净，切两段；黑木耳洗净切小块备用。

2. 沙锅内倒入高汤、药汁，放黄花菜、黑木耳，大火烧开再煮5分钟，将羊肝片抖散下锅，开锅后撇去浮沫，放盐、味精、胡椒粉即可。

SOUP

第四章

# 老人健康、大人强壮、孩子不病，
# 煲碗好汤补全家

对养生而言，喝汤滋补益处多。可汤的世界岂止如此，煲汤作为最有家庭感的暖胃美食，煲出来的不仅是一碗热汤，还有一种最温暖的情怀。

# 儿童成长好汤——
## 宝宝不生病、长得高、更聪明

### ●汤品为宝宝成长保驾护航

孩子在出生时主要营养来源于母乳，此时选用富含蛋白质的原料制作汤品来催乳是必要的。在宝宝长到一定阶段时，可以让他来认识酸甜苦辣咸等味道，此时可以制作一些口味独特的汤，只要宝宝抿上几口即可。这样既可以丰富宝宝的味觉，又不会因味道过重而吓退他。

在孩子可以食用成人的食物时，就可以为他准备汤品了。幼儿在每餐前先喝汤温暖一下胃肠，可以起到开胃的作用，其最适宜选用性温的原料为宝宝制汤。孩子一天天长大，所需营养物质也不断增加。家长一般会多注意维生素和钙质的补给，但铁、锌、硒、镁、碘、烟酸、胆碱等元素同样不可缺少，要注意尝试不同的原材料入汤，以确保儿童的营养需求。为儿童准备的汤品不宜口味过重，选料要以应季食物为主。孩子的发育尚未完全，用性寒食物制作汤品时要配以温和属性的原料，以缓解寒凉食物对胃肠道的刺激，切不可让孩子食用冷汤。

## 南瓜玉米羹

 材 料

南瓜50克、玉米面200克。

 调 料

白糖、盐、食用油、清汤。

做法

**1.** 将南瓜去皮、去子，洗净，切小块。

**2.** 锅置火上，放适量食用油烧热，加南瓜块略炒后，再加入清汤，炖10分钟至熟。

**3.** 将玉米面用水调好，倒入锅内，与南瓜汤混合，边搅拌边用小火煮3分钟后，至羹黏稠后，加盐和白糖调味即可。

# 胡萝卜玉米浓汤

材 料

胡萝卜1根、玉米粒50克、火腿肠30克、黄油5克、面粉适量。

材 料调 料

盐、胡椒粉。

做法

1. 胡萝卜洗净，煮熟，去皮，切成小丁；玉米粒洗净；火腿肠切片。

2. 取炒锅，放入黄油烧至溶化时，下入面粉，炒至变色，加一勺温水慢慢搅匀。

3. 将黄油面粉糊放入汤锅，再加适量水搅匀，下入玉米粒、胡萝卜丁和火腿肠片，慢慢搅拌煮沸后，加盐和胡椒粉调味即可。

# 雪梨羹

材 料

雪梨2～3个。

材 料调 料

冰糖。

做法

1. 将雪梨洗净，去皮、去核，切成小丁，或用搅拌器搅成泥状。

2. 将雪梨丁或雪梨泥放入锅内，加入适量的清水，用大火煮6分钟，加入冰糖再煮15分钟，待冰糖完全溶化且锅内的果酱变得浓稠时即可。

# 虾仁豆花羹

### 🥄材料

虾仁4只、豆花100克、鸡蛋1个。

### 🥄调料

香菜末、盐、高汤、水淀粉。

### 做法

**1.** 鸡蛋打成蛋液；虾仁洗净后，在背部划一刀，裹上蛋液。

**2.** 高汤倒入锅中烧开后，放入虾仁煮沸，放入豆花略煮，加盐调味后，加水淀粉勾芡，撒入香菜末即可。

*温馨小提示：豆花很嫩，不宜久煮，也不能过于翻动以免碎散。也可以用嫩豆腐来代替豆花。*

# 菠菜羹

### 🥄材料

菠菜300克，火腿丁、玉米粒、鸡蛋清各50克。

### 🥄调料

盐、味精、胡椒粉、香油、水淀粉、高汤。

### 做法

**1.** 菠菜择洗干净，将菠菜放入开水中焯烫，捞出过凉，取出后切末。

**2.** 将高汤烧开，放入玉米粒、火腿丁煮5分钟，加入盐、菠菜末、味精，用水淀粉勾芡。

**3.** 再淋上鸡蛋清搅匀，撒上胡椒粉和香油即可。

# 翡翠蛋羹

 材 料

鸡脯肉50克、鸡蛋2个、菠菜1棵。

 调 料

食用油、盐、料酒、水淀粉。

(做)(法)

**1.** 鸡脯肉洗净，切碎，剁成泥状；鸡蛋磕到碗里，搅散；菠菜洗净，用沸水焯过后，沥干水分，切碎。

**2.** 将鸡肉泥与蛋液混合，加入盐和料酒调味，搅打成蓉状。

**3.** 起食用油锅烧热后，倒入鸡肉蓉，炒香后，加入适量开水，煮沸后放入菠菜碎稍煮，加盐调味，用水淀粉勾芡即可。

# 中青年补身好汤——
## 调节睡眠、缓解压力、宁神润颜

### ● 汤品能保持中青年的活力

青年是人体体力、精力、耐力最为持久的时期，是人生的黄金时期。合理利用药膳汤品足以延长这段黄金时期。青年人胃口较其他年龄段好，大量的肉食、油脂对于胃肠是不小的伤害，此时，若充分利用清汤，能够有效地减少人体对于油脂的吸收。晚餐前，可适当选用苦瓜、芹菜、菠菜、绿豆、番茄等润肠润燥的原料为主料，搭配水产品、禽类、蛋类、肉类等为辅料制汤，可调节一天不均衡的营养。

人到中年，是人体的转型期，从青年的盛期逐渐转向老年衰退期。合理膳食配合适当锻炼，可以延缓衰老的进程。人到中年每日膳食中，鱼和肉的摄入量比例应为2：1，蔬菜的摄入量应是鱼、肉总量的3倍。也就是说如果每天鱼类摄入50～100克的话，肉只要25～50克就可以了，而蔬菜则需要225～450克。当然，这个用量还不包括水果。

中年人适宜经常饮用以鱼类、果蔬、菌类、豆类为主料的汤品，尤其是鱼类和果蔬。鱼类的动物脂肪含有较多的不饱和脂肪酸，对预防动脉硬化有着一定的作用；果蔬中含有大量的维生素、矿物质，有利于人体的健康。每日午餐或晚餐坚持饮汤对于提高抵抗力、延缓衰老会有明显的作用。

# 黄豆排骨汤

### 🥣 材 料
黄豆100克、猪排骨300克。

### 🥣 调 料
清汤、姜片、料酒、盐、鸡精。

 做 法

1. 将黄豆洗净，用温水泡发；猪排骨洗净斩成段，用沸水汆去血沫，冲洗净备用。
2. 锅内倒入清汤，放入黄豆、猪排骨、姜片、料酒，大火烧开后转小火慢煲1小时，加入盐和鸡精调味即可。

# 茶树菇排骨汤

材 料

茶树菇50克、猪肋骨300克、红枣10颗。

调 料

高汤、姜片、盐、香油。

做法

1. 将茶树菇洗净，切段；猪肋骨洗净，斩成小块，汆水后捞出沥干；红枣洗净去核备用。

2. 锅内倒入高汤，放入茶树菇、排骨、红枣、姜片，大火烧煮10分钟后，转小火焖煮30分钟，加适量的盐，淋入香油即可。

# 猪蹄薏米煲

材 料

猪蹄1只（约300克）、薏米40克、枸杞子10克。

调 料

葱段、姜片、料酒、盐、胡椒粉、清汤。

做法

1. 猪蹄洗净，去杂毛，刮去油腻，从中间劈开，斩成四段，汆水捞出洗去浮沫。

2. 薏米洗净，浸泡10分钟。

3. 沙锅内放入适量清汤，大火烧开后放入猪蹄、薏米、枸杞子、姜片、葱段、料酒，开锅后转小火煲3小时，加盐、胡椒粉即可。

# 黑木耳猪肝汤

🥣 材 料

黑木耳25克、鲜猪肝300克、红枣20克。

🥣 调 料

姜片、盐。

做法

1. 将黑木耳用清水泡发，拣去杂质，清洗干净，去蒂，撕小朵。

2. 猪肝洗净，切片；红枣洗净，去核。

3. 汤锅内加入适量清水，大火烧沸后，放入黑木耳、红枣和姜片，转用中火煲1小时，加入猪肝片，待猪肝片熟透，加盐调味即可。

# 菜心狮子头煲

🥣 材 料

猪五花肉300克、青菜心200克、马蹄50克、虾米20克。

🥣 调 料

高汤、葱姜汁、料酒、水淀粉、盐、鸡精、食用油。

做法

1. 猪五花肉、马蹄、虾米分别洗净，剁成末，加葱姜汁、料酒、水淀粉、盐搅拌至上劲，做成肉丸备用。

2. 沙锅内倒入高汤，将青菜心平铺在锅底，码入大肉丸；中火烧开后，小火慢煲2小时，加入盐、鸡精即可。

# 南瓜牛肉汤

 材 料

南瓜500克、牛肉250克。

🥣 调 料

葱花、姜丝、味精、盐、胡椒粉、牛肉汤。

做 法

**1.** 南瓜去皮、去瓤，冲洗干净，切成方块，放在盆内。

**2.** 牛肉剔去筋膜，洗净切成块，先在沸水锅内汆烫捞出，冲去浮沫。

**3.** 牛肉放锅内，加适量牛肉汤，放置大火上烧沸；再加入南瓜、姜丝、葱花同煮，待牛肉熟透，用胡椒粉、盐、味精调味即可。

# 山药羊肉汤

 材 料

羊肉200克、山药50克、枸杞子10克、红枣20克。

🥣 调 料

姜片、葱段、盐、料酒。

做 法

**1.** 羊肉洗净，切块，放入沸水中，加葱段、姜片、料酒汆烫去膻味；山药洗净，去皮，切块；枸杞子洗净；红枣洗净，泡涨，去核。

**2.** 锅置火上，倒入适量清水，放入羊肉块、红枣大火烧开，转小火煮40分钟，加入山药、枸杞子、盐煮至熟即可。

# 豆腐三鲜汤

🥣 材 料

豆腐100克，豌豆25克，鸡脯肉泥、番茄各50克，牛奶15克，鸡蛋（取蛋清）1个。

🥣 调 料

盐、香油、淀粉、水淀粉、高汤、味精。

（做）（法）

**1.** 番茄洗净，去皮、蒂、子，切丁；豆腐洗净，切丁；豌豆洗净；牛奶加淀粉、鸡肉泥、鸡蛋清调匀。

**2.** 锅中倒入高汤烧沸，加豆腐丁、番茄丁、豌豆，用筷子将鸡肉泥逐块放入锅里，大火烧沸，用水淀粉勾薄芡，加味精、盐、香油调匀即可。

# 羊肉粉皮汤

 材 料

熟羊肉400克、粉皮200克。

🥣 调 料

料酒、酱油、白糖、味精、葱末、盐。

（做）（法）

**1.** 熟羊肉切小丁备用；粉皮洗净，切成均等长段备用。

**2.** 炒锅置大火上，锅中加入适量清水，放入羊肉丁，再加入料酒、酱油、白糖，用大火炖20分钟。

**3.** 将粉皮加到汤内用大火烧开后盛入汤碗，葱末撒在汤上，用味精、盐调味即可。

# 莲藕黑豆汤

 材 料

莲藕400克, 黑豆、腐竹各80克, 黑枣10克。

材 料 调 料

陈皮、姜片、盐。

做 法

1. 莲藕去皮，洗净，切厚片；陈皮浸软洗净；黑枣洗净，去核。

2. 腐竹入清水中泡软切段；黑豆洗净，入锅中炒至豆壳裂开。

3. 锅置火上，倒入适量清水大火煮沸，放入莲藕片、黑枣、黑豆、陈皮、姜片，大火煮沸后改小火煮2小时，放腐竹段稍煮，加盐调味即可。

# 苋菜笋丝汤

材 料

苋菜150克、鲜冬笋70克、胡萝卜40克、香菇20克。

调 料

食用油、姜末、料酒、清汤、盐、香油。

做 法

1. 苋菜择洗净，焯水；冬笋洗净，去皮，切丝，焯水；香菇泡发后，去蒂洗净，切丝；胡萝卜洗净，去皮，切丝。

2. 食用油锅烧热，放姜末、胡萝卜丝煸炒，烹入料酒炒匀，盛出；汤锅内放入清汤烧沸，放入冬笋丝、香菇丝、苋菜和胡萝卜丝煮3分钟，加盐调味，淋香油即可。

# 老年人长寿好汤——
## 活血补气、养肝明目、养心安神

### ● 汤品可帮助老年人合理膳食

随着年龄的增长，逐渐步入老年，机体会出现不同程度的衰退现象。如腺体分泌功能减退、新陈代谢减缓、咀嚼和消化吸收功能下降、免疫力低下等。老年人饮食更应注意合理搭配，以营养、清淡、品种丰富为特点。汤品不宜过咸，否则体内钠离子过剩，加之年龄大、活动量小，会造成血压升高，甚至会造成脑血管功能障碍。不宜吃过多甜食，否则体内代谢能力逐渐降低，易引起中间产物的堆积，导致高脂血症和高胆固醇症，严重者还可诱发糖尿病。老年人，尤其是空巢老人，如果每餐饭菜品种很少，而且长期饮食单一，造成的后果会更加严重。

原料丰富的汤品，可以帮助老年人解决上述问题，提高老人的膳食质量。老人消化吸收功能减退，利用汤品多营养、易吸收的特点，适宜餐前、餐后饮用。老年人饮食上应选用富含蛋白质、多糖类、各类维生素以及矿物质的食物。适当食用杂粮、鱼类、蛋类、禽类、海产品、果蔬等，少食油炸食品、含糖高的食物、辛辣刺激的菜肴等。

## 海带排骨汤

### 材 料
猪排骨150克、海带50克。

### 调 料
食用油、盐、料酒、葱段、姜片、白胡椒粉、味精。

### 做 法

**1.** 猪排骨洗净，切小段；海带泡洗干净，切丝；将排骨放入开水中煮5分钟后，沥干水分。

**2.** 锅中放入食用油烧至五成热，将排骨放入过油，盛出沥油，将锅中多余的油倒出。

**3.** 加入盐、料酒、葱段、姜片翻炒至有香味后，加入适量热水、排骨炖20分钟，加入海带，再炖30分钟，出锅前加入白胡椒粉、味精调味即可。

# 肉片茭白汤

 材 料

猪肉100克、茭白50克、香菇2朵、香菜适量。

🥣 调 料

盐、味精。

(做)(法)

**1.** 猪肉洗净，切片；茭白去头尾，洗净，切长条；香菇洗净，泡发后，去蒂，切丝；香菜择洗干净后切段。

**2.** 锅中加水烧开，放入肉片余至断生，捞出。

**3.** 锅内倒入适量水烧开，放入香菇煮沸，放入茭白、肉片煮至熟，加入盐、味精调味，撒上香菜段即可。

# 苹果瘦肉汤

🥣 材 料

猪瘦肉、红苹果、玉米段各100克。

🥣 调 料

盐、料酒、葱段、姜片。

(做)(法)

**1.** 猪瘦肉洗净，切成厚片，余水备用；苹果洗净，去核，连皮切成月牙块，备用；玉米段洗净。

**2.** 汤锅加入清水，放入猪瘦肉片、料酒、葱段和姜片煮沸，小火炖30分钟至肉酥烂。

**3.** 放入苹果块和玉米段，炖至熟透，加入盐调味即可。

# 滑鸡片丝瓜汤

🥄 材 料

鸡脯肉200克、丝瓜100克、鲜香菇50克。

🥄 调 料

盐、鸡精、淀粉、鸡蛋清、水淀粉、高汤、胡椒粉、嫩姜丝、香芹叶。

(做 法)

1. 鸡脯肉洗净，切片后用盐、鸡精、淀粉和鸡蛋清抓匀腌渍；丝瓜洗净去皮，切成3厘米长的段；鲜香菇洗净，切丝。

2. 汤锅加入高汤，煮沸后倒入滑鸡片、丝瓜和香菇，加适量胡椒粉、嫩姜丝同煮10分钟，开锅后撇去浮沫，用水淀粉勾芡，撒上香芹叶，出锅即可。

# 双耳萝卜汤

🥄 材 料

白萝卜200克，黑木耳、银耳各30克，青蒜段适量。

🥄 调 料

葱段、盐、胡椒粉、清汤、醋、食用油。

(做 法)

1. 白萝卜去皮洗净，切丝；银耳、黑木耳分别泡发去蒂，洗净，撕小朵。

2. 葱段入热食用油锅中爆香，加入白萝卜丝翻炒均匀，倒入清汤大火煮沸，加入银耳、黑木耳，改中火煮约30分钟，加盐、胡椒粉、醋调味，放入青蒜段即可。

# 青菜豆腐番茄汤

 材 料

小白菜、豆腐各300克，番茄200克。

 调 料

盐、味精、香油。

做法

**1.** 小白菜切除根部后洗净，切段；豆腐清洗干净后切成小块；番茄在表面划几刀，入沸水中烫至外皮翻起，捞出后去皮，切片。

**2.** 锅中加入适量清水煮沸，放入番茄、豆腐，待汤再次沸腾时将小白菜放入锅内，煮5分钟加入盐、味精，淋入香油即可。

# 番茄皮蛋汤

 **材 料**

番茄300克、松花蛋200克、油菜100克。

**调 料**

盐、姜末、食用油、鲜汤。

**做 法**

**1.** 将番茄洗净，放入沸水中焯烫后，撕去皮，去蒂，切成片；松花蛋洗净，剥去壳，切成薄片；油菜择洗干净。

**2.** 汤锅内注入食用油烧至六成热，下入松花蛋片，炸酥起泡，加入鲜汤、姜末，烧至汤色微白，放入油菜煮熟，加入盐、番茄片，烧沸即可。

# 冬瓜玉米汤

 **材 料**

胡萝卜150克、冬瓜200克、玉米1根、香菇3朵、猪瘦肉100克。

**调 料**

姜片、盐。

**做 法**

**1.** 胡萝卜去皮洗净，切块；冬瓜洗净，切厚块；玉米洗净，切段；香菇浸软后，去蒂洗净，切片；猪瘦肉洗净，切块，汆烫后再洗干净。

**2.** 煲内倒入适量水烧沸，下胡萝卜、冬瓜、玉米、香菇、瘦肉块、姜片，煲滚后再慢火煲2小时，加少许盐调味即可。

## 虫草鸡丝汤

 材 料

冬虫夏草5克，鸡脯肉、冬瓜各200克。

🥣 调 料

葱花、姜末、盐、料酒、食用油、水淀粉。

做 法

1. 将冬虫夏草洗净，晾干，切成小段；将鸡脯肉洗净，切细丝，用水淀粉抓匀；冬瓜洗净，去瓤，切丁。

2. 锅置火上，加食用油烧至六成热，放葱花、姜末炝锅，加鸡丝煸炒，出锅；锅留余油烧热，加冬瓜丁，大火翻炒，加鸡汤、鸡丝、料酒，小火煮30分钟，放入冬虫夏草、盐，继续小火煨煮10分钟即可。

## 鸭肉紫菜汤

 材 料

鸭肉200克、紫菜10克、香菇20克、芦笋50克。

🥣 调 料

葱末、姜末、料酒、盐。

做 法

1. 鸭肉洗净，切片；香菇泡发去蒂，撕小块；芦笋洗净，切片。

2. 紫菜撕碎，放入汤碗中备用。

3. 汤锅加适量清水，放鸭肉片、香菇块、芦笋片、葱末、姜末、料酒，大火煮至汤鲜肉烂，加盐调味，将汤浇入放紫菜的汤碗中即可。

# 孕妇滋补好汤——
## 妈妈身体好、宝宝长得壮

### ●汤能弥补孕妇妊娠反应时期的营养不足

对于准妈妈来说，每餐能先喝上一碗营养美味的汤品，非常有利于自己的健康和胎儿的发育。如果一般汤品口味较菜品清淡，再加入具有食疗功能的原料入汤，比起入菜更易被吸收，也更能增加营养、提高免疫力。

准妈妈在妊娠初期的三四周内胎儿生长缓慢，此时孕妇对营养的需求较妊娠中后期要少。但在早期妊娠反应的情况下，孕妇会出现身体不适、食欲缺乏，对某些食物反感或极喜爱的状况，而要确保孕妇食物的多样性，将一些孕妇不爱吃，但有营养的食物入汤就是不错的方法。这样，既能保证妊娠期的营养素，又能防止妊娠反应带来的不适。适当增加叶酸、蛋白质及微量元素的摄入，也能帮助妊娠早期的孕妇安全度过反应期。

而妊娠后期对营养需求会陡然增加，此阶段保证每餐前有一碗汤品，既有利于孕妇对营养素的吸收，又可以降低餐中食用过多的热能、碳水化合物，以免自己胖了或胎儿过大，增加孕妇心肺负担。

# 羊肉冬瓜汤

### 材 料

羊肉片100克、冬瓜300克。

### 调 料

食用油、香油、葱末、姜末、盐、味精。

 做 法

1. 冬瓜去皮、去瓤，洗净，切成薄片。
2. 羊肉片用盐、味精、葱末、香油、姜末拌匀后，腌渍5分钟。
3. 锅内放食用油烧热，放入冬瓜略炒，加适量清水烧沸。
4. 加入已腌渍的羊肉片，煮熟即可。

# 金针菇油菜猪心汤

**材料**

金针菇20克、猪心1个、小油菜50克。

**调料**

盐。

**做法**

1. 猪心洗净对半剖开；小油菜洗净；金针菇泡发。

2. 猪心放入沸水中氽烫，去血水，捞出洗净，沥干。

3. 猪心放入清水锅中，大火煮沸后转小火煮约25分钟，取出切成薄片。

4. 锅中加水，放入猪心片、金针菇、小油菜煮沸，加盐调味即可。

# 猪肝番茄汤

**材料**

鲜猪肝400克、番茄200克。

**调料**

葱段、味精、食用油、盐、酱油、胡椒粉、香油。

**做法**

1. 猪肝洗净，切成薄片，用酱油调匀腌渍5分钟；番茄洗净，去皮剁碎。

2. 食用油锅烧热，爆香葱段，加入番茄碎翻炒片刻，倒入酱油、盐及适量开水，将汤煮至沸腾，再把切好的猪肝片加入煮10分钟，用勺撇去浮沫，放入胡椒粉、味精调味，淋上香油搅匀即可。

# 鱼蓉豆腐煲

## 🥣 材 料

荷兰豆80克、丝20克、豆腐1块、鲮鱼肉240克、腊肠1条。

## 🥣 调 料

葱粒、淀粉、盐、胡椒粉、香油、食用油。

### 做 法

**1.** 荷兰豆洗净；豆腐洗净，切块；腊肠切片；鲮鱼肉拌入淀粉、盐、胡椒粉腌渍，掺入腊肠碎、葱粒，顺方向搅拌。

**2.** 荷兰豆炒熟；在豆腐上挖小孔，裹上淀粉，酿入鱼蓉，上面放腊肠片。

**3.** 食用油锅爆香葱粒，注入适量沸水，放入豆腐；待滚熟，再放荷兰豆、香油煲至入味即可。

# 红枣乌鸡汤

## 🥣 材 料

乌鸡1只、银耳30克、百合20克、红枣8颗。

## 🥣 调 料

葱花、姜片、盐。

### 做 法

**1.** 银耳用水浸泡20分钟，洗净；百合洗净；红枣洗净。

**2.** 乌鸡洗净，去内脏，汆烫后用温水冲洗干净。

**3.** 烧沸适量水，放乌鸡、银耳、百合、姜片，水沸后改慢火煲2小时，加葱花、盐调味即可。

# 第五章

## 取药补之功效，健康从每碗汤开始

煲出最美味且最营养的汤膳，是一年四季滋补五脏、保健养生、对症祛病、瘦身养颜的好方法。

# 贫血症

## ●汤品宜增加优质蛋白原料

　　人体血液中的血红蛋白或红血球的量少到一定程度时，就会出现面色苍白、全身无力、易疲劳、头晕气促、心跳过速等状，即可以判断为贫血。贫血一般分为：缺铁性贫血、再生障碍性贫血、巨细胞性贫血和失血性贫血等四种，其中与饮食有关的缺铁性贫血是最常见的。贫血不仅会导致头晕、乏力、消瘦，还会影响到内脏各个器官的健康。缺铁性贫血会使人食欲减退、疲乏无力、免疫力低下、健康状况恶化，进而影响人的劳动能力。

　　贫血症一般都要适当补铁，铁是制造血红蛋白的原料。贫血患者除了遵医嘱用药以外，在饮食上需要食用富含铁、维生素$B_{12}$的食物。可选择富含铁的食物搭配维生素C的食物制成汤品，以促进铁的吸收，宜在每餐前或两餐之间饮用。

　　适合贫血患者的入汤食材有红枣、菠菜、枸杞子、鲫鱼、猪肝、牛肝等。

# 百味牛腩汤

 材　料

牛腩100克，圆白菜、番茄、西芹、胡萝卜、土豆、洋葱各50克。

 调　料

盐、葱段、姜片、食用油。

做法

**1.** 牛腩洗净，切成小块，余水备用；洋葱洗净，切丝备用；其他蔬菜洗净，切成大小类似的块备用。

**2.** 食用油锅烧热，放入洋葱和番茄块爆炒，加适量清水，放入葱段、姜片和牛腩块，小火炖1小时，放入其他蔬菜块，炖20分钟，加盐调味即可。

# 猪肝番茄玉米煲

 材 料

鲜猪肝300克、番茄3个、甜玉米粒适量。

🥣 调 料

姜片、料酒、淀粉、酱油、盐、鸡精、清汤。

做 法

**1.** 鲜猪肝洗净，去除血污，切成片，拌入料酒、淀粉、酱油腌渍备用。

**2.** 番茄剥去皮，切成块备用；将玉米粒切碎备用。

**3.** 沙锅内放入清汤，大火烧开后放入玉米粒，小火煲30分钟后放入番茄、姜片，再小火煲10分钟后放入猪肝片打散，待猪肝片变色后放入盐、鸡精即可。

# 菠菜猪肝汤

🥣 材 料

鲜猪肝200克、菠菜150克。

🥣 调 料

淀粉、香油、盐、酱油、味精。

 做 法

**1.** 鲜猪肝洗净，切成片，用淀粉浆渍；将菠菜洗净，切成段，其梗与叶分开。

**2.** 将锅放在大火上，加一大碗水；水开后，把猪肝一片一片分开下锅，加入适量酱油、盐，等锅中汤开时再加入菠菜（先放梗后放叶子），待再次沸时，加入适量味精、香油即可。

# 银耳香菇猪肘汤

### 材料

猪肘300克，胡萝卜100克，银耳、香菇各20克。

### 调料

高汤、葱段、姜片、盐、鸡精。

### 做法

1. 猪肘洗净，剁成块，用沸水氽去血水；胡萝卜洗净，切成块；银耳、香菇分别用清水泡发，去蒂，撕成小朵。
2. 锅中加高汤，放入猪肘块、葱段和姜片同煮，大火烧开，转小火炖1小时。
3. 倒入胡萝卜、银耳和香菇，再炖30分钟，加入盐和鸡精调味即可。

# 当归生姜羊肉汤

### 材料

羊腿肉50克，生姜、当归、枸杞子各10克。

### 调料

盐、味精、香油。

### 做法

1. 羊腿肉洗净，切片，入沸水锅中氽烫捞出备用；生姜、当归均洗净切成小片。
2. 锅中加水，下入羊肉片、当归片、生姜片、枸杞子，大火烧沸后改小火炖15分钟，加盐、味精调味，淋香油即可。

# 菠菜鸡煲

## 材 料

净鲜鸡300克，菠菜200克，水发香菇丝、莴笋丝各50克。

## 调 料

蚝油、白糖、淀粉、酱油、食用油、葱丝、姜丝、高汤、盐、鸡精。

## 做 法

1. 净鲜鸡剁成块后用蚝油、白糖、淀粉和酱油腌渍10分钟；菠菜洗净，切段。
2. 炒锅加油，爆炒葱丝、姜丝后添加高汤、蚝油、香菇丝和莴笋丝翻炒，再倒入鸡块煮沸，换小火慢炖至鸡肉熟烂。
3. 放入菠菜，用盐和鸡精调味即可。

# 山药乌鸡汤

## 材 料

乌鸡1只、山药100克。

## 调 料

葱花、姜片、盐、香油。

## 做 法

1. 山药去皮洗净切片；乌鸡洗净，去内脏，汆烫后再冲洗干净。
2. 锅内加适量水烧开，下乌鸡、山药、盐、姜片，水沸后改慢火炖约2小时，加葱花、盐、香油调味即可。

# 花生桂圆红枣汤

 材 料

花生仁50克、桂圆150克、红枣适量。

材 调 料

白糖。

做 法

1. 花生仁用温水浸泡2小时后去红衣；桂圆去壳洗净；红枣洗净，去核。

2. 锅中放适量清水，并加入浸泡好的花生仁煮20分钟左右。

3. 再放入红枣、桂圆继续煮约20分钟，关火，加适量白糖即可。

# 草菇鸡片汤

材 料

鸡肉200克、草菇100克、枸杞子适量。

调 料

盐、淀粉。

做 法

1. 将草菇择洗干净，放入碗内，入锅蒸20分钟，取出；枸杞子洗净，泡软。

2. 将鸡肉洗净，切片置碗内，放入盐、淀粉拌匀。

3. 锅置火上，放水烧开，将鸡肉、枸杞子放入煮熟，捞出放入碗中，将蒸好的草菇围在鸡肉四周，然后淋上鸡汤即可。

# 八宝豆腐羹

 材 料

豆腐100克，小虾仁、鸡肉各50克，冬笋、火腿、青豆、香菇、杏仁、松子仁各20克。

🥣 调 料

高汤、盐、鸡精、水淀粉。

**做法**

**1.** 所有材料洗净后切丁，焯（汆）水待用。

**2.** 汤锅加高汤煮沸，把所有材料丁都放入汤中，大火烧开后转小火慢炖10分钟，撇去浮沫。

**3.** 加水淀粉勾芡，调入适量的盐和鸡精即可。

# 牛奶冬瓜汤

🥣 材 料

冬瓜400克、牛奶50毫升。

🥣 调 料

食用油、葱末、盐、味精。

**做法**

**1.** 将冬瓜削皮，去瓤，洗净，切成3厘米见方的块。

**2.** 锅置火上，放食用油烧至四成热，放入葱末、盐、适量水，烧开后放入冬瓜块，烧至入味，放牛奶，转小火焖2分钟，放入味精，搅匀即可。

# 高血压

## ● 汤品宜清淡低盐

人体血压标准值：收缩压18.8～21.2千帕（140～159毫米汞柱）之间、舒张压12.1～12.7千帕（91～95毫米汞柱）。收缩压21.3千帕（160毫米汞柱）、舒张压12.7千帕（95毫米汞柱）以上时，即为高血压。

高血压一般与遗传、工作性质、肥胖、饮食偏好、药物因素、年龄、性别等有关，会引起头晕等症。老年人高血压，因机体功能减退、消化液分泌减少，心脑血管会出现不同程度的硬化，饮食宜清淡为主，辅以护胃益脾和具有降压、降脂的食品。多食用含维生素C的食物，因维生素C对血管有一定的修补保养作用，还能把血管壁内沉积的胆固醇转移到肝脏变成胆汁酸，这对预防和治疗动脉硬化也有一定的作用。

高血压患者除了遵医嘱，使用一定量药物以外，在饮食上也需要食用富含钾、钙的食物，增加优质蛋白。适当增加汤品的食用，可以减少多余热能的摄入。含钾原料包括：肉类、鱼类、豆类、果蔬等。高血压患者饮食宜清淡低盐、高钾多维，忌肥腻味重、辛辣、高胆固醇。

# 百合鸭肉汤

 **材 料**

鸭肉150克、百合30克、枸杞子10克。

**调 料**

盐。

**做 法**

**1.** 百合用水泡开；鸭肉洗净，切成块。

**2.** 将鸭肉、枸杞子与百合放入锅中，加适量水，先用大火烧开，再用小火炖至鸭肉熟烂，然后加入盐调味即可。

# 芹菜叶汤

 材 料
------
嫩芹菜叶200克。

材 料 调 料
------
盐、味精、香油、食用油、葱花、姜末、清汤。

做 法

1. 芹菜叶洗净备用。

2. 锅中倒入食用油烧热,下葱花炝锅后,加入芹菜叶、姜末,稍加翻炒,倒入清水(或高汤),煮沸后放盐、香油、味精即可。

# 泡菜鳕鱼汤

材 料
------
鳕鱼200克、豆腐250克、泡菜150克。

调 料
------
蒜末、盐、酱油、鸡精。

做 法

1. 将鳕鱼肉去骨、切片,放在滤筛上撒少许盐,腌渍10分钟,淋上热水备用。

2. 豆腐切块,泡菜切成2厘米长的段。

3. 锅里放2杯水,放入鸡精和适量的盐,煮沸后放入鳕鱼、豆腐煮沸,再加入泡菜、蒜末稍煮。

4. 加酱油、鸡精调味后煮沸即可。

# 紫菜鱼丸汤

材料

鱼丸200克、猪肉馅100克、紫菜50克、香菇20克、熟鸡蛋1个。

调料

酱油、料酒、胡椒粉、水淀粉、盐、高汤、香菜末。

做法

1. 鱼丸洗净；香菇泡发，去蒂剁成末；猪肉馅加酱油、料酒、胡椒粉、水淀粉、盐和香菇末煨10分钟；紫菜撕碎。

2. 汤锅加高汤煮沸，倒入鱼丸和肉馅搅匀，大火煮15分钟，倒入紫菜，用水淀粉勾芡，加盐调味，撒上香菜末即可。

# 鱼骨豆苗尖椒汤

材料

鲜鱼骨400克、豌豆苗100克、红尖椒5个。

调料

葱段、姜片、料酒、白糖、盐、味精、香油、清汤。

做法

1. 将鱼骨洗净，剁成大块，余水捞出沥干；豌豆苗去老梗洗净；红尖椒去蒂、去子，洗净备用。

2. 锅置火上，放入清汤，加入鱼骨、葱段、姜片、料酒、白糖，用大火煮沸，撇去浮沫，加红尖椒、豌豆苗，中火焖30分钟，加入盐、味精，淋入香油即可。

# 高汤蟹煲

 材 料

螃蟹400克、番茄200克、粉皮40克、鸡蛋2个。

🥣 调 料

**食用油、葱段、姜片、盐、料酒、胡椒粉、高汤、香油、香菜末。**

做法

**1.** 将螃蟹去壳，洗净，蟹肉一只切4块，用沸水汆烫，捞出沥水。

**2.** 番茄洗净，切块；粉皮用温水泡软，切片；鸡蛋打散，搅匀。

**3.** 锅内加食用油烧热，下葱段、姜片炒香，加入料酒、番茄块煸炒，放入高汤、粉皮、蟹肉，大火煮沸后转小火炖熟。

**4.** 将鸡蛋液淋入汤内，加盐、胡椒粉、香菜末、香油即可。

# 豆芽海带汤

🥄 **材料**

黄豆芽、海带各200克，香菜1根。

🥄 **调料**

食用油、葱段、姜片、料酒、盐、清汤、鸡精、胡椒粉。

**做法**

**1.** 将黄豆芽择根洗净，焯水过凉；海带泡发洗净切丝，余水煮熟过凉沥干；香菜择根洗净，切成小段备用。

**2.** 锅内倒食用油烧至六成热，放入葱段、姜片煸香，倒入清汤，大火烧开后放入黄豆芽、海带丝、料酒，开锅后加入适量的盐、鸡精和胡椒粉，撒上香菜段即可。

# 白果冬瓜汤

 **材料**

冬瓜200克、白果100克、莲子40克。

🥄 **调料**

白糖。

**做法**

**1.** 将冬瓜洗净，去皮、去瓤，切块；白果去壳取肉，去外层薄膜，去心，洗净。

**2.** 莲子清洗干净，在清水中浸泡，去莲心，洗净。

**3.** 将冬瓜块、莲子、白果放入汤锅中，加入适量清水，用大火煮沸，转小火熬煮30～40分钟，加入白糖煮溶化即可。

# 胡萝卜海带汤

🥣 **材 料**

胡萝卜、海带丝各100克，大葱50克。

🥣 **调 料**

食用油、盐、鸡精、香油、清汤。

**做法**

**1.** 将胡萝卜洗净，去皮，切成细丝；海带丝用温水泡发，反复清洗干净，汆水煮软后捞出沥干；大葱洗净，切成长丝备用。

**2.** 锅内倒食用油烧至六成热，放入胡萝卜煸炒片刻，倒入清汤，放入海带丝，大火煮沸后撒葱丝，加入适量的盐和鸡精，淋入香油即可。

# 高脂血症

## ● 汤品宜清淡、营养应均衡

当血脂中的胆固醇高于220毫克/100毫升，甘油三酯高于160毫克/100毫升，即可诊断为高胆固醇症，或高甘油三酯血症。高脂血症是动脉硬化、冠心病等症的主要危险因素。与心脑血管疾病、糖尿病、肥胖、脂肪肝密切相关。高脂血症除了常伴有以上几种疾病外，主要表现为头晕乏力、胸闷心痛等症。高脂血症患者除了遵医嘱服用一定药物外，在饮食上也需要有降血脂作用的食物，以平衡膳食为基础，维持正常体重。限制摄入富含脂肪与胆固醇的食物，选用低脂食物、植物食用油、酸牛奶等，增加维生素、膳食纤维、水果、蔬菜和谷类等食物。饮食调理是降低血脂的最主要和最有效的方法，高脂血症患者适宜饮用清淡、原料丰富的汤品。原料包括：鱼类、燕麦、魔芋、豆类、菌类、藻类、果蔬等。

# 鲜蘑丝瓜汤

### 材 料

丝瓜300克、鲜蘑菇100克。

### 调 料

盐、料酒、食用油、水淀粉、高汤、味精。

### 做法

**1.** 丝瓜削皮，洗净，切条；鲜蘑菇去蒂洗净，捞出沥干水分。

**2.** 炒锅放食用油烧热，放丝瓜炒至变色盛出。

**3.** 锅中倒入高汤，放入丝瓜、鲜蘑菇、料酒、盐，用大火煮沸，改小火焖至鲜蘑菇熟软，再转大火，用水淀粉勾薄芡，加味精调味即可。

# 南瓜海带减脂汤

 材 料

南瓜1个、牛瘦肉200克、干海带100克。

🥣 调 料

盐、味精。

做法

**1.** 将干海带洗净，泡入水中至软，切成2厘米长的段。

**2.** 南瓜去皮、去子后洗净，切成小块；牛瘦肉洗净切块。

**3.** 将海带、南瓜、牛瘦肉放入汤锅中，加入适量的水，先用大火煮沸，再改用小火煮3小时，放入盐、味精调味即可。

# 苹果银耳汤

🥣 材 料

银耳15克、苹果1个、红枣6颗。

🥣 调 料

冰糖。

法

**1.** 银耳泡发，去老蒂及杂质后撕成小朵，加适量水放入蒸笼蒸30分钟后取出备用。

**2.** 苹果洗净，去皮、去核；红枣洗净。

**3.** 银耳、红枣放入锅中，大火煮沸，再用小火炖10分钟左右，加冰糖即可。

# 鸽肉萝卜汤

🥣 **材 料**

鸽肉250克、白萝卜100克。

🥣 **调 料**

葱花、香菜末、花椒粉、盐、鸡精、食用油。

**做 法**

**1.** 鸽肉洗净，入沸水中氽透，捞出，切小块；白萝卜洗净，切块。

**2.** 锅内放食用油烧至七成热，加葱花和花椒粉炒香，放入鸽肉翻炒均匀。

**3.** 加适量清水炖至鸽肉八成熟，倒入白萝卜块煮熟，用盐和鸡精调味，撒上香菜末即可。

# 酸萝卜老鸭汤

🥣 **材 料**

鸭肉300克、酸醋萝卜片100克。

🥣 **调 料**

姜片、葱段、料酒、花椒、食用油、胡椒粉、鸡精、盐。

**做 法**

**1.** 鸭肉洗净，切块，入沸水中氽烫片刻后用清水洗净，沥干水分。

**2.** 食用油锅烧热，爆香姜片、葱段、花椒，放鸭块煸炒，烹入料酒，再放入酸醋萝卜片炒香，加入适量清水，煮沸后撇去浮沫，转小火煮约80分钟，炖至鸭肉熟烂，放鸡精、胡椒粉、盐调味即可。

# 大虾豆腐汤

 **材 料**

大虾6只、豆腐200克。

🥄 **调 料**

葱花、盐、味精、清汤、香油。

**做法**

1. 豆腐洗净，切条；大虾洗净，余水。
2. 锅中加入清汤，放入豆腐条、大虾烧开，撇去浮沫，加入盐、味精调味，煮3分钟后撒上葱花，淋香油即可。

　温馨小提示：豆腐不含胆固醇，是高血压、高脂血症、高胆固醇症及动脉硬化、冠心病患者的入膳佳肴。

# 腰花木耳汤

 **材 料**

黄瓜200克，鲜猪腰、黑木耳各50克。

🥄 **调 料**

葱花、花椒粉、盐、鸡精、食用油。

**做法**

1. 黄瓜洗净，切片；猪腰切成对半，去筋膜，洗净，切片，入沸水中余透，捞出；放食用黑木耳泡发洗净，撕成小朵。
2. 锅内放食用油烧至七成热，加葱花和花椒粉炒出香味，放入猪腰片翻炒均匀。
3. 加适量清水大火煮沸，转小火煮5分钟，放入黑木耳和黄瓜片煮3分钟，用盐和鸡精调味即可。

# 腐竹蛤蜊汤

材料

蛤蜊300克、腐竹150克、枸杞子5克。

调料

高汤、香油、盐。

做法

**1.** 腐竹洗净，用温水泡软后切段。

**2.** 蛤蜊泡水，淘去沙子及污垢，再加盐浸泡3小时。

**3.** 把高汤倒入锅中煮沸，先放腐竹煮滚，然后放入蛤蜊煮至壳开。

**4.** 最后放盐、香油、枸杞子搅拌均匀即可。

# 赤豆冬瓜汤

材料

冬瓜400克、赤豆200克。

调料

盐。

做法

**1.** 冬瓜清洗干净后去皮，切块；赤豆淘洗干净，浸泡6小时。

**2.** 锅中放适量水烧开，放赤豆煮熟。

**3.** 将冬瓜块放入锅中，开盖中火煮至冬瓜变透明，加盐调味即可。

# 豆苗蛋汤

材 料

豌豆苗200克、鸡蛋1个。

🥄调 料

葱花、花椒粉、盐、鸡精、香油。

做法

1. 豌豆苗择洗干净；鸡蛋磕入碗内，搅成蛋液。

2. 锅置火上，加适量清水烧沸，放入豌豆苗、葱花和花椒粉搅拌均匀。

3. 待锅内的汤再次沸腾时，淋入鸡蛋液迅速搅成蛋花，用盐、鸡精和香油调味即可。

# 竹荪海菜汤

材 料

竹荪25克、土豆200克、海苔菜30克、韭黄20克。

🥄调 料

葱花、盐、味精、香油、食用油、清汤。

做法

1. 竹荪泡发，洗净沥干水，切片；土豆洗净，去皮，切条，入食用油锅炸至金黄，捞出；韭黄洗净，切段。

2. 食用油锅烧热，煸香葱花，倒入清汤，放入竹荪、土豆条、海苔菜，中火煮3分钟后，加盐、味精，淋入香油，撒上韭黄即可。

# 糖尿病

## ●宜选用高膳食纤维食物入汤

糖尿病是一种有遗传倾向的全身性代谢疾病，是由胰岛素分泌不足或胰岛素缺乏引起的碳水化合物、脂肪、蛋白质等营养物质代谢紊乱。当出现高血糖、尿糖、三多一少症（多食、多饮、多尿、体重降低）、皮肤瘙痒、四肢酸痛等症，即可以判断为糖尿病（消渴症）。一般分为胰岛素依存型、非胰岛素依存型（成人病型）。

糖尿病患者除了遵医嘱服用一定药物外，在饮食上需要严格控制热能、脂肪、胆固醇的摄入，碳水化合物、蛋白质宜适量，多食用高膳食纤维素和富含矿物质的食物，以及富含维生素$B_1$、维生素$B_2$、维生素$B_6$、维生素C、维生素E的食物。除此之外应注意粗杂粮、蔬菜、大豆的食用，同时，避免含糖食品的摄入。不宜过多食用的食物有：土豆、胡萝卜、洋葱、藕、蒜苗、芋头、山药、豌豆、花生、核桃仁、榛子、开心果、红糖、白糖、葡萄糖等。

# 苦瓜豆腐汤

 材 料

苦瓜150克、豆腐400克、芹菜50克。

调 料

高汤、料酒、酱油、香油、盐。

做法

**1.** 苦瓜洗净，去瓤切片，加少许盐拌匀，稍腌渍出水，沥去盐水；豆腐洗净，切片；芹菜洗净，切段后入沸水锅中稍焯，捞出用水过凉。

**2.** 锅中倒入高汤，大火煮沸，放入豆腐、芹菜、苦瓜、料酒，煮5分钟，加盐、酱油调味，淋入香油即可。

# 芹叶豆腐羹

 材 料

嫩芹菜叶100克、豆腐1盒、鸡蛋1个、猪骨汤300克。

🥄 调 料

葱末、盐、香油、胡椒粉、水淀粉。

做 法

1. 芹菜叶洗净，放入沸水中焯一下，捞出切细丝；豆腐洗净，切成小丁；鸡蛋磕入碗中，搅打匀备用。

2. 锅内倒入猪骨汤，放入豆腐丁、葱末、盐、胡椒粉、料酒，开锅后放入芹菜叶，用水淀粉勾芡，放入鸡蛋液，淋上香油即可。

# 鲜虾莴笋汤

 材 料

莴笋250克、鲜虾150克。

🥄 调 料

葱花、姜丝、盐、鸡精、食用油。

做 法

1. 鲜虾洗净，剪去虾须，剪开虾背，挑去沙线，洗净；莴笋去皮和老叶，洗净，切菱形块。

2. 锅置火上，倒入适量食用油，待油烧至七成热加葱花、姜丝炒香，放入鲜虾和莴笋块翻炒均匀。

3. 加适量清水煮至虾肉和莴笋熟透，用盐和鸡精调味即可。

# 油菜鱼片汤

## 材料
鲜鱼肉500克、油菜300克、红枣5颗、杏仁50克。

## 调料
姜片、盐。

## 做法

**1.** 油菜洗净；红枣、杏仁浸泡，洗净，红枣去核；鱼肉洗净，切片。

**2.** 将鱼肉放入沙锅中，加入清水烧开，放入姜片，再将红枣、杏仁放入沙锅内一起用小火炖1小时。

**3.** 离火前20分钟左右放入油菜，再放入少量盐调味即可。

# 鲜虾豆苗羹

## 材料
鲜虾仁200克、豌豆苗150克、牛奶适量。

## 调料
姜汁、盐、味精、料酒、胡椒粉、白糖、香油、水淀粉。

## 做法

**1.** 虾仁洗净，剁成泥；豌豆苗择洗净，放开水中略烫捞出，过凉，剁成末。

**2.** 虾泥加入盐、味精、豌豆苗、姜汁、白糖、胡椒粉拌匀。

**3.** 锅内加入牛奶烧开，将拌好的虾泥加入，淋上少许料酒，煮熟后用水淀粉勾薄芡，起锅淋入香油即可。

# 银耳南瓜汤

 材 料

南瓜100克，银耳、虾仁各5克。

🥣 调 料

葱花、花椒粉、盐、鸡精、食用油。

做 法

1. 银耳用清水泡发，择洗干净，撕成小朵；南瓜去皮、瓤，洗净，切块。

2. 锅内放食用油烧至七成热，加葱花、花椒粉炒香，放入南瓜块、银耳和虾仁翻炒均匀。

3. 加适量清水煮至南瓜软烂，用盐和鸡精调味即可。

# 紫菜南瓜汤

🥣 材 料

南瓜100克、紫菜10克、虾皮20克、鸡蛋1个。

🥣 调 料

酱油、食用油、料酒、醋、味精、香油、盐。

做 法

1. 将紫菜洗净；鸡蛋打散；虾皮用料酒浸泡；南瓜去皮、去瓤，洗净切块。

2. 锅置火上，放食用油烧热，放入酱油炝锅，加适量清水，投入虾皮、南瓜块，煮30分钟，再投入紫菜煮10分钟。

3. 将搅好的鸡蛋液倒入锅中，加入料酒、醋、味精、香油、盐，调匀即可。

# 香菇莲藕汤

 材 料

莲藕200克、香菇5朵。

调 料

食用油、葱花、盐、味精。

做 法

1. 莲藕洗净，切成片；香菇泡发，洗净，切成片。

2. 锅内倒食用油煸香葱花，放入藕片、香菇片翻炒，倒入清水烧开，加入盐、味精调味煮熟即可。

# 羊肉丸子萝卜汤

 材 料

白萝卜丝100克、羊瘦肉50克、干粉条5克、鸡蛋（取蛋清）1个。

调 料

葱花、姜末、花椒粉、香油、盐、鸡精、食用油。

做 法

1. 羊瘦肉洗净，剁成肉馅，加花椒粉、香油和鸡蛋清，用筷子搅拌上劲。

2. 食用油锅烧热，加葱花、姜末和花椒粉炒香，加清水烧沸，将羊肉馅用手团成小丸子下入汤锅内煮熟，放入白萝卜丝和粉条煮熟，用盐和鸡精调味即可。

# 牛肉杂菜汤

🥣 **材 料**

牛肉150克，鸡蛋2个，蘑菇、西芹、番茄、西蓝花各50克。

🥣 **调 料**

盐、酱油、淀粉、白糖、香油、味精、胡椒粉。

**做 法**

1. 牛肉洗净，切片；鸡蛋磕入碗中，加酱油、淀粉、白糖搅匀，放入牛肉片腌渍15分钟；蘑菇、番茄洗净，切片；西芹去叶，洗净，切段；西蓝花掰成小朵，洗净；将蘑菇、西芹、西蓝花分别放入沸水中焯至半熟捞起。

2. 锅内加适量清水煮沸，放入所有材料煮熟，加入盐、味精、胡椒粉调味，淋入香油即可。

# 便秘

## ●宜选用高纤维、多油脂的汤品

正常人1～2天排便一次，且顺利有规律。排便间隔过久，或大便艰难不畅，或大便量少而干硬的症状均为便秘。

便秘一般是由于过多吃精细、缺乏纤维的食品，食物残渣对肠黏膜刺激不足，或膳食缺乏油脂，以及水分摄入不足而成。燥热内结、气滞不行、气血两亏也能使大肠传导功能失常。这类人群适宜饮用汤品，而水分大、油脂少的汤品，且不宜安排在餐后。

宜多饮水，并养成定时排便的习惯。水对人体的消化、吸收、排泄都十分重要，摄入足够的水分能起到软化粪便的作用，每日饮水在2000毫升以上效果最佳，每餐前喝一碗营养丰富的汤品也是非常必要的。

适合便秘者的入汤原料有：粗粮、绿叶蔬菜、水果、洋葱、蜂蜜、芝麻、核桃仁、松子仁、杏仁等，且不宜过多食用辣椒等。

# 兔肉南瓜汤

**材 料**

南瓜250克、兔肉200克。

**调 料**

葱花、盐、味精、食用油。

**做法**

**1.** 南瓜去皮、去瓤，洗净，切块；兔肉洗净，切块。

**2.** 锅内放食用油烧至七成热，放葱花炒香，放入兔肉翻炒至肉色变白。

**3.** 倒入南瓜块翻炒均匀，加适量清水炖至兔肉和南瓜块熟透，用盐和味精调味即可。

# 丝瓜火腿片汤

 **材 料**

虾仁100克、火腿50克、丝瓜200克。

**调 料**

食用油、料酒、姜丝、葱末、盐。

**做 法**

1. 虾仁去除沙线，洗净，加入料酒、盐拌匀，腌渍10分钟；丝瓜去皮，洗净，切片；火腿切片。

2. 锅中放食用油烧热后，下姜丝、葱末爆香，再倒入虾仁翻炒片刻，加适量清水转中火煮汤。

3. 待汤沸时放入丝瓜片和火腿片，转小火煮至虾仁、丝瓜熟后，加盐调味即可。

# 油菜红枣瘦肉汤

 **材 料**

油菜、猪瘦肉各100克，红枣50克。

**调 料**

盐、味精、香油。

**做 法**

1. 油菜择洗干净，逐叶掰开；将猪瘦肉洗净，切块，放入沸水中汆去血水，捞出，沥水备用。

2. 锅置火上，倒入适量清水，煮沸，放入猪瘦肉块、红枣，大火煮沸后转小火煲20分钟，放入油菜煮沸。

3. 加盐、味精调味，淋入香油即可。

# 核桃薏米汤

🥣 材 料

核桃仁、薏米各70克，枸杞子15克，红枣适量。

🥣 调 料

白糖。

(做)(法)

**1.** 将核桃仁浸泡洗净；红枣洗净，去核；薏米及枸杞子分别洗净备用。

**2.** 锅中放入适量清水，把核桃仁、薏米放入，大火煮沸。

**3.** 改中火煮40分钟左右，放入红枣、枸杞子再改小火煮约30分钟，加入适量白糖即可。

# 玉米蔬菜汤

🥣 材 料

熟玉米棒、土豆、青椒各1个，鲜蘑菇80克，胡萝卜1/2根。

🥣 调 料

高汤、盐、鸡精。

(做)(法)

**1.** 熟玉米棒切段；土豆洗净，去皮，切块；青椒洗净，去蒂，去子，切块；胡萝卜洗净，去皮，切块；鲜蘑菇去蒂，洗净，撕成条。

**2.** 锅中倒入适量高汤，烧沸后放入所有材料，煮熟后加少许盐、鸡精煮至入味即可。

# 洋葱汤

 材 料

洋葱200克、干红辣椒1个、香菜叶适量。

材 料

盐、胡椒粉、食用油、清汤。

(做 法)

1. 洋葱去皮，洗净，切成细丝；干红辣椒洗净，去蒂备用。

2. 食用油锅烧热，将洋葱丝与干红辣椒、盐、胡椒粉一起倒入锅中翻炒，炒至洋葱丝呈深棕色且出香味。

3. 将清汤倒入炒锅中，加热至沸腾，出锅前加入香菜叶调味即可。

# 香菇莼菜汤

 材 料

香菇5朵、莼菜100克、冬笋尖50克。

材 料

清汤、葱花、香油、料酒、盐。

(做 法)

1. 将香菇放入水中泡发，捞出，去蒂，切为细丝；莼菜洗净；冬笋尖洗净备用。

2. 汤锅放在火上，加清汤及浸泡香菇的滤汁，大火煮沸，烹入料酒，放莼菜、香菇丝、笋尖拌匀，煮沸后加盐、葱花，淋上香油即可。

# 肝病

## ● 汤品宜清淡

　　畏寒、发热、食欲减退、厌油腻、恶心呕吐、腹胀乏力、肝大、肝区痛且起病急等症状，均可定为急性肝炎。半年未愈者会转化为慢性肝炎，进一步可发展为肝硬化。

　　肝病患者除了遵医嘱服用一定药物外，饮食上应注意少食高嘌呤食物、动物脂肪、桂皮、花椒、胡椒、生姜、葱、蒜等。其中高嘌呤食物包括：动物肝肾等内脏、精肉、沙丁鱼、凤尾鱼、菠菜、蘑菇、扁豆等。

　　肝病患者最好不要饮用浓汤，汤品以清淡为佳。适合的原料有：谷类、杂粮、蛋类、禽类、鱼类、果蔬、奶制品、蹄筋、海藻等。

　　肝病患者尽可能避免食用麻辣火锅、油炸油煎、动物内脏等不易消化的食品，肝脏病人要绝对禁止饮酒，少吃土豆、南瓜、红薯等易产气的食物。

## 豆芽鸡丝汤

### 材 料
黄豆芽、鸡脯肉各200克。

### 调 料
食用油、蒜瓣、高汤、姜丝、葱丝、盐、鸡精、胡椒粉、香菜、醋、香油。

### 做 法

**1.** 将鸡脯肉洗净，煮熟晾凉后撕成细丝；黄豆芽洗净，去根须，焯水过凉；香菜洗净，切成寸段；蒜切成片备用。

**2.** 食用油锅烧热，放入蒜片炝锅，烹入醋，加入高汤、鸡丝、黄豆芽、盐、鸡精、姜丝、葱丝，开锅后撇去浮沫，放入胡椒粉、香菜段、醋，淋入香油即可。

# 木瓜黄豆蹄味汤

材 料

木瓜1/2个、黄豆100克。

调 料

猪蹄高汤、盐。

**做法**

**1.** 将木瓜去皮及子，洗净，切成块；黄豆用水浸泡3小时，洗净、沥干备用。

**2.** 锅置火上，倒入猪蹄高汤烧开，放入黄豆煮至八成熟，加入木瓜煮至熟烂，放盐，搅匀即可。

# 蹄筋花生汤

 材 料

水发牛蹄筋200克、花生仁100克。

🥄 调 料

高汤、葱段、姜块、盐、鸡精、白胡椒粉。

(做)(法)

**1.** 水发牛蹄筋洗净，切段，再切成条，用温水浸泡；花生仁洗净，用温水泡发，剥去胞衣；姜块用刀拍松备用。

**2.** 锅内倒入高汤，放入牛蹄筋，大火烧开后加花生仁、葱段、姜块，转小火炖1小时，至蹄筋酥软后加入盐、鸡精和白胡椒粉调味即可。

# 香菇鱼片汤

 材 料

香菇、鲜鱼肉各200克，莴笋100克。

 调 料

水淀粉、料酒、食用油、葱花、清汤、盐、鸡精。

(做)(法)

1. 将香菇洗净，去根蒂，斜刀切成片，焯水过凉；鱼肉洗净，沥干，切成片装入容器，加入水淀粉、料酒；莴笋去皮，洗净，切成菱形片焯水备用。

2. 锅内倒食用油烧至六成热，放入葱花煸香，倒入清汤，大火烧开后放入香菇、莴笋，滑入鱼片迅速拨散，加入盐和鸡精调味即可。

# 百合莲子鸡蛋汤

 材 料

莲子100克、百合20克、鸡蛋2个。

 调 料

蜂蜜、枸杞子。

(做)(法)

1. 莲子、百合用水泡发；鸡蛋磕入碗中，搅匀。

2. 锅中倒入适量水煮沸，放入莲子、百合、枸杞子煮至熟烂，淋入鸡蛋液，加入适量的蜂蜜调匀即可。

# 肾病

## ●宜选用利水的食物入汤

急性肾炎发病急，常见有水肿、血尿、蛋白尿、高血压等症状。反复发作，时重时轻，肾功能逐渐减弱即转化为慢性肾炎，后期可能出现贫血。若出现食欲减退、牙龈出血、皮肤瘙痒等症，则可能为肾功能不全。

对肾病患者来说，除了遵医嘱服用药外，饮食上应注意少食高蛋白、钠盐、低钾食物，禁食油炸食品、刺激性食品以及含核蛋白高的食物，以免增加肾脏负担。每天水分控制在1000毫升以内，不宜大量饮汤，少而精即可。

肾病患者适宜食用富含维生素A、B族维生素、维生素C的食物，这样有助于肾脏功能的恢复；适当食用含糖食物以补充热能。另据《千金方·食治》载："肾病宜食大豆黄卷、豕肉、栗、藿（豆叶）。"

# 三丝豆苗汤

**材料**

竹笋100克，胡萝卜50克，豌豆苗、香菇各25克，枸杞子适量。

**调料**

高汤、香油、料酒、盐、姜末、味精。

**做法**

**1.** 竹笋、胡萝卜、香菇均洗净，切丝，分别入沸水锅中焯熟；豌豆苗择洗干净，入沸水略焯，捞出沥干；枸杞子泡洗干净；将竹笋丝、胡萝卜丝、香菇丝和豌豆苗放入大汤碗内。

**2.** 锅中倒入高汤烧开，加入枸杞子、盐、料酒、姜末、味精煮沸，淋入香油，盛出浇入已放好三丝及豆苗的汤盆里即可。

# 黄花苦瓜汤

 **材 料**

苦瓜2根、黄花菜200克。

**调 料**

盐、鸡精。

**做 法**

1. 黄花菜泡发，去硬梗，洗净，焯水备用。

2. 苦瓜洗净，对半切开，去子，切小段后用沸水烫过，再放入凉水中片刻，捞出沥水。

3. 将黄花菜、苦瓜一同放进锅中，加入适量水熬煮30分钟，出锅前加盐、鸡精调味即可。

# 菜心排骨汤

 **材 料**

猪肋排300克、芋头200克、青菜心2个、酸枣5颗。

**调 料**

葱段、姜片、料酒、盐、清汤、食用油。

**做 法**

1. 猪肋排洗净，斩成段，余水；芋头洗净，去皮，挖成球状；青菜心洗净。

2. 食用油锅烧热后放入芋头球，翻炒至发黄后出锅；另起锅，放入清汤烧开，放入排骨、葱段、姜片、料酒，小火焖煮2小时，放入芋头、酸枣，再焖煮1小时，放入青菜心、盐稍煮片刻即可。

# 牛蒡海带汤

🥣 材 料

猪排骨200克、牛蒡1根、海带结120克。

🥣 调 料

盐、醋。

做 法

1. 猪排骨洗净，切块，放沸水中余烫去血水，捞出，沥水。

2. 牛蒡洗净，去皮，切斜块，浸泡在滴入醋的水中；海带结洗净备用。

3. 锅中倒水，放入排骨及牛蒡大火煮沸，改小火煮至牛蒡变软。

4. 加入海带结继续煮10分钟，最后加盐调味，盛入碗中即可。

# 南瓜土豆羹

🥣 材 料

南瓜、土豆各100克，洋葱丁50克。

🥣 调 料

高汤、盐、鸡精、胡椒粉、鲜奶油、干面包屑。

做 法

1. 南瓜和土豆洗净，去皮，切块，蒸熟，用榨汁器打成细泥状备用。

2. 奶油放入锅中，中火使其溶化，爆香洋葱丁，加入高汤煮沸。

3. 缓慢加入南瓜和土豆泥，煮沸，调入适量的盐和鸡精，撒上胡椒粉，倒入鲜奶油搅匀，再撒上适量干面包屑即可。

# 冠心病

## ● 汤品宜清淡且原料应丰富

冠心病是冠状动脉粥样硬化性心脏病，属于老年常见病，而今冠心病有年轻化的趋势。此病早期无明显症状，或仅有头晕乏力。中医学认为，该病是由于年老体衰、心肝肾脾等脏腑虚亏，且饮食不节，导致气血不畅、血淤不通而致。

冠心病患者除了遵医嘱用一定药物外，宜合理膳食，这样对冠心病有预防和辅助治疗的作用。饮食不可过于油腻或口味过重，而适宜食用口味清淡、原料丰富，以素食为主，配以适量鱼类、禽类的汤品。

冠心病患者的饮食应符合"三高三低"原则，即高膳食纤维、高维生素、高植物蛋白，低盐、低脂肪、低胆固醇。多吃蔬菜、水果、豆制品、乳制品等富含纤维素、维生素、蛋白质的食物。山楂、洋葱、大蒜、酸奶宜常吃，尤其要多食富含叶酸、维生素$B_{12}$和维生素$B_6$的食物。

适宜冠心病患者入汤的原料有：豆类、菌类、鱼类、海产品、禽类、果蔬等。另据《千金方·食治》载："心病宜食麦、羊肉、杏、薤。"

# 玉米冬瓜汤

### 🥣 材 料

冬瓜250克、玉米粒100克、虾米30克。

### 🥣 调 料

食用油、葱末、姜末、盐、料酒、味精。

1. 冬瓜洗净，去皮、去瓤，切片备用；玉米粒洗净；虾米泡软。

2. 炒锅放食用油烧热，炒香葱末、姜末，再放入虾米炒出香味后，烹入料酒，倒入适量清水烧开，加入冬瓜片、玉米粒煮至冬瓜软烂，放入盐、味精即可。

# 韭黄海带丝汤

 **材 料**

韭黄50克、海带150克、鸡蛋1个。

 **调 料**

食用油、醋、盐、料酒、葱丝、姜丝、胡椒粉、香油。

**做 法**

1. 将韭黄择去根，老叶，洗净，切成5厘米长的段；海带用水浸发，切成6厘米长的丝，放入沸水中余一下，捞出。

2. 锅置火上放食用油，烧至五成热，放入葱丝、姜丝煸炒出香味，放入海带丝略炒，再放入适量水、料酒、胡椒粉、醋、盐，烧开后撒上韭黄，淋上香油搅匀即可。

# 黑豆枸杞子汤

 **材 料**

黑豆30克、枸杞子20克。

**调 料**

盐或白糖。

**做 法**

1. 黑豆洗净，泡涨；枸杞子洗净。

2. 锅置火上，倒入适量水煮沸，放入黑豆、枸杞子大火烧开，小火煮至熟透，加盐或白糖调味即可。

# 金针黄豆排骨汤

 **材 料**

金针菇100克、黄豆50克、猪小排150克、红枣适量。

**调 料**

姜片、盐。

**做 法**

1. 将黄豆用水泡软，清洗干净；金针菇洗净，切段，猪小排洗净，切小块，放入沸水中烫去血水；红枣洗净，去核。

2. 锅置火上，放适量清水烧开，放入姜片、排骨，大火烧开，转小火炖30分钟，加入金针菇、红枣、黄豆，转中火焖30分钟，加盐调味即可。

# 癌症

## ● 入汤食物要多样化

　　肿瘤可以发生于任何年龄、任何部位。不良嗜好、嗜酒、吸烟、食用霉变的谷物、过多食用动物脂肪等，都会引发肿瘤疾病。我们通常称恶性肿瘤为癌症。常见的癌症有：肺癌、食道癌、胃癌、直肠癌、乳腺癌、肝癌等。60岁以上的老人中癌症患者约占12%，70～79岁人群癌症发生率是30～39岁的20倍。从侧面证明了，长期的不良嗜好对人体健康有很大危害。

　　肿瘤患者在饮食上不宜过咸、过热，烧焦、霉变的食物更不能吃。不偏食、挑食，不过饥、过饱，避免过量饮酒，注意饮食营养均衡、食品多样化等，是预防癌症的有效措施。

　　膳食中有一些原料可以起到预防癌症的作用，如花椰菜、豆芽、莴笋、南瓜、豌豆、菠萝、胡萝卜、蘑菇、洋葱、红枣、豆类、谷类、水果等。

# 兔肉南瓜汤

 **材料**

南瓜250克、兔肉200克。

🥣 **调料**

葱花、盐、味精、食用油。

做法

1. 南瓜去皮、去瓤，洗净，切块；兔肉洗净，切块。

2. 锅内放食用油烧至七成热，放葱花炒香，放入兔肉翻炒至肉色变白。

3. 倒入南瓜块翻炒均匀，加适量清水炖至兔肉和南瓜块熟透，用盐和味精调味即可。

# 木耳竹荪汤

 材 料

黑木耳、竹荪、金针菇各50克，猪排骨100克。

🥄 调 料

盐。

(做)(法)

**1.** 将猪排骨洗净，切成小块，放入沸水中略氽，捞出备用；黑木耳用温水泡发，洗净，撕成小片；竹荪用温水泡发，沥干，切段；金针菇洗净，切段备用。

**2.** 锅置火上，放入适量清水，烧开，放入猪排骨转小火熬煮1小时，加入金针菇、竹荪、黑木耳，煮沸后焖5分钟，撒入盐，搅匀即可。

# 火腿洋葱汤

🥄 **材 料**

火腿50克、洋葱100克。

🥄 **调 料**

食用油、蒜末、鸡精、盐、黑胡椒粉。

**做法**

**1.** 火腿切片；洋葱去皮，洗净，切片。

**2.** 锅置火上，放食用油烧热，放入火腿煸至香酥，盛出。

**3.** 原锅中底油烧热，放入蒜末爆香，放入洋葱片，翻炒出香味，倒入适量清水煮沸，转小火加盖焖煮8分钟，放入火腿、盐、黑胡椒粉、鸡精，搅匀即可。

# 西蓝花鸡汤

🥄 **材 料**

西蓝花150克，胡萝卜、黑木耳各50克，鸡1/2只，鲜玉米粒40克。

🥄 **调 料**

盐、料酒、姜片。

**做法**

**1.** 西蓝花、胡萝卜分别洗净，切块；鸡洗净，切块，入沸水中氽去血水；鲜玉米粒洗净；黑木耳泡发洗净，撕成朵。

**2.** 煲锅中倒入清水煮沸，加鸡肉块、姜片、料酒大火煮沸后，改小火煲约1小时，加入剩余材料继续煮30分钟，加盐调味即可。

# 菠萝苦瓜鸡汤

 材 料

苦瓜100克、菠萝200克、鸡腿1只。

调 料

盐。

做 法

**1.** 苦瓜洗净，剖开去瓤后切块，入沸水锅中稍焯去苦味，捞出沥水。

**2.** 菠萝削皮、切块，入淡盐水中浸泡3分钟。

**3.** 鸡腿洗净、剁块，入沸水锅中氽烫去血水、除腥，捞出用清水冲洗净。

**4.** 煲锅中倒入适量清水，放入鸡腿块、姜片，大火煮沸后改小火煲约1小时。

**5.** 加入苦瓜块、菠萝块炖约30分钟，加盐调味即可。

【养生堂食谱】

# 舌尖上的春夏秋冬：每天一碗滋补好汤

摄　　影：秦京　于笑
菜肴制作：张磊　陈绪荣
图片提供：海洛创意
　　　　　全景视觉网络科技有限公司
　　　　　华盖创意图像技术有限公司
　　　　　达志影像
　　　　　上海富昱特图像技术有限公司